中国氢能联盟　氢能科普系列丛书

THE HYDROGEN REVOLUTION

A BLUEPRINT FOR THE FUTURE OF CLEAN ENERGY

氢能革命

清洁能源的未来蓝图

［意］ **马可·阿尔韦拉** 著

（MARCO ALVERÀ）

刘玮　万燕鸣　张岩 译

机械工业出版社

CHINA MACHINE PRESS

我们不断被告知，我们的星球正处于危机之中；为了拯救它，我们就得改变现有的生活方式。其实有一种全新的清洁能源就能帮助我们走出困境，那就是氢能。从交通和基础设施到供暖和发电，氢能可以取代化石能源，促进经济增长，并鼓励全球对气候变化采取行动。它还可以解决当今可再生能源最令人头疼的问题，如风能与太阳能的运输、储存及其对天气变化的脆弱性，电池的笨重、短寿命和低效率等。氢能革命不仅是一项强大的新技术的宣言，它还是一个充满希望的未来启示。

图书在版编目（CIP）数据

氢能革命：清洁能源的未来蓝图 /（意）马可·阿尔韦拉著；刘玮，万燕鸣，张岩译. — 北京：机械工业出版社，2022.4（2023.4重印）
书名原文：The Hydrogen Revolution: A Blueprint for the Future of Clean Energy
ISBN 978-7-111-70570-3

Ⅰ.①氢…　Ⅱ.①马…②刘…③万…④张…　Ⅲ.①无污染能源—研究
Ⅳ.①X382

中国版本图书馆CIP数据核字（2022）第059769号

机械工业出版社（北京市百万庄大街22号　邮政编码100037）
策划编辑：赵　屹　蔡　浩　　责任编辑：赵　屹　蔡　浩
责任校对：炊小云　张　薇　　责任印制：郜　敏
三河市宏达印刷有限公司印刷

2023年4月第1版第3次印刷
169mm×239mm·16印张·185千字
标准书号：ISBN 978-7-111-70570-3
定价：79.00元

电话服务　　　　　　　　　　网络服务
客服电话：010-88361066　　机　工　官　网：www.cmpbook.com
　　　　　010-88379833　　机　工　官　博：weibo.com/cmp1952
　　　　　010-68326294　　金　书　网：www.golden-book.com
封底无防伪标均为盗版　　机工教育服务网：www.cmpedu.com

献给最爱的
利普西和格蕾塔

本书评论

当前，全球氢能发展方兴未艾。《氢能革命》深入思考了利用氢能应对气候变化、构建"零碳"世界的美好未来，示例丰富形象，观点清晰、理性又实际，是一本难得的氢能科普书籍。

——张玉卓，中国科学技术协会党组书记、中国工程院院士

世界正经历百年未有之大变局，新一轮科技革命和产业变革同我国经济高质量发展要求形成历史性交汇。氢能是战略性新兴产业重点发展方向，对于实现碳达峰、碳中和目标具有重要支撑作用。《氢能革命》一书对于如何采取措施来释放氢的潜能、加速推动能源革命，值得我们每个人去深入思考。

——徐冠华，国家科技部原部长、中国科学院院士
中国氢能联盟战略指导委员会主任

氢能是全球能源科技革命的重要赛道，也是我国能源体系的重要组成部分。《氢能革命》对氢能开发利用的历史脉络做了细致的回顾，对助力未来实现"零碳"社会进行了波澜壮阔的设想。

——干勇，中国工程院原副院长、中国工程院院士
中国氢能联盟战略指导委员会常务副主任

　　氢能已成为全球加快能源转型升级、培育经济新增长点的重要战略选择。《氢能革命》描绘了清洁能源的未来蓝图，给出了许多很有洞见的观点。

——彭苏萍，中国工程院院士、中国氢能联盟战略指导委员会委员

　　《氢能革命》给出了氢能使用指南和规模化发展的建议。对于我们把握全球能源变革发展大势和机遇，加快培育发展氢能产业，加速推进能源清洁低碳转型具有重要的参考价值。

——衣宝廉，中国工程院院士、中国氢能联盟战略指导委员会委员

　　没有一家公司可以独自应对气候变化的挑战。我们必须在碳排放和供应链方面共同承担责任。我们必须对我们自己的技术和公司的碳足迹负责。在这本新书中，马可·阿尔韦拉提供了一个清晰而令人信服的愿景，以及确保其成功的蓝图。

——萨提亚·纳德拉，微软董事长兼 CEO

　　本书对氢能的未来提出了清晰而发人深省的观点。它可以帮助人们了解氢能将如何在全球清洁能源转型中发挥重要作用。

——法提赫·比罗尔，国际能源署署长

　　本书提出了一个基于氢能和可再生能源的未来愿景，它是清晰的、有基础的和有希望的。它还提供了关键的工具和信息，以帮助人们充分了解塑造能源转型的力量并参与其中。

——弗朗西斯科·拉·卡梅拉，国际可再生能源署总干事

氢能革命

本书是对当前关于能源革命的重要辩论的杰出贡献，其中有一个支持氢能的非常有力的论据，它必将成为全球应对气候变化的解决方案的一部分。

——巴罗佐，高盛国际主席、欧盟委员会前主席

本书通过将氢能置于转型后的全球能源综合体的中心，描绘了一张通往更绿色的未来的清晰路线图。任何希望参与更广泛的气候讨论的人都应该阅读本书，因为氢能提供了许多潜在的当前可负担的解决方案。马可·阿尔韦拉在这一领域的领导力值得称赞。

——理查德·罗以德，高盛国际 CEO

马可·阿尔韦拉清楚地表明，氢能作为未来的一种能源，可以发挥关键作用。同样清楚的是，我们现在就需要开始进行过渡。这是一本供每个决策者和任何相关公民阅读的书。

——彭安杰，万事达卡总裁兼 CEO

随着氢能作为我们未来清洁能源的最佳选项变得可行，马可·阿尔韦拉出版了这本有想法和深度的开创性科普书籍，解释了如何和为什么。

——道格拉斯·彼得森，标普全球总裁兼 CEO

《氢能革命》是一本优秀的、必不可少的读物。马可利用他深厚的行业知识，帮助我们看到并理解通向净零排放的道路，激励我们采取行动，并激发了我们对未来清洁能源的希望和信心。

——威廉·D.格林，埃森哲前 CEO 兼董事长

这是一部全面的、最新的作品，介绍了绿色氢能在使减排难的行业脱碳方面令人信服的现实和价值主张，以引人入胜、易于阅读和理解的风格呈现，是所有人的必读之作。

——帕迪·帕德玛纳森，ACWA 电力公司 CEO

马可·阿尔韦拉为绿色氢能在可持续的全球能源转型过程中所扮演的角色描绘了一个充满活力和可实现的愿景。

——朱尔斯·科腾霍斯特，落基山研究所 CEO

在社会中带来改变总是困难的，但马可·阿尔韦拉，一位充满激情和学识渊博的全球集团领导人，提出了利用氢能的全部潜力实现气候目标的行动呼吁。这本书很全面，很有见地，写得非常好。必须阅读！

——莫尼克·F. 勒鲁，德士贾丁斯集团前总裁和公司董事

很多时候，全球推动净零排放作为管理气候变化战略的核心，被认为是对政治意愿的一种考验。这是事实，但随着全球合作的局限性被暴露出来，对创新以及创新思维的需求正在增长。这就是为什么马可·阿尔韦拉的书如此重要，如此受欢迎。

——伊恩·布雷默，欧亚集团总裁兼创始人

一位顶级商业领袖对氢能的全面和可理解的愿景。

——乔纳森·斯特恩，牛津大学能源研究所

在这本写得很好、很吸引人的书中，马可·阿尔韦拉为氢燃料的未

来提出了一个有吸引力的愿景。

——麦尔斯·艾伦，牛津大学"零排放"项目主任

这是一本引人入胜的、非常容易阅读的书。马可·阿尔韦拉对能源转型的观点令人信服，展示了一条切实可行的前进道路。

——维克多·哈博斯坦德，莱顿大学经济学教授

马可·阿尔韦拉的新书是一份深思熟虑的宣言，旨在激励投资者和公众对氢能这一"零碳"能源未来重要组成要素的支持，并展示了通往更强大的全球伙伴关系的途径。该书是当下的经典之作——轻松、有趣、个性化和易于阅读，并向所有读者展示了生动和可操作的选择。阿尔韦拉巧妙地将能源系统中一些非常复杂的部分变得简单易懂——这在我们这个充满术语的领域是一个奇迹。不要再读这篇评论了，快读这本书吧！

——胡里奥·弗里德曼博士，哥伦比亚大学 SIPA
全球能源政策中心高级研究学者

这本书提供了一个及时、全面和异常有说服力的论点，说明氢能在积极应对地球健康和地球居民健康所面临的两大挑战，即气候变化和城市空气质量恶化方面的必要性和作用。它解释了转向氢能不仅对地球，而且对商业本身都是一个必要的步骤，对于从学生到政策制定者的每个人来说都是一本必不可少的读物。

——斯科特·萨缪尔森，加州大学欧文分校机械、
航空航天和环境工程系特聘教授

随着应对气候变化的压力越来越大，氢能将在更清洁的全球能源系统中发挥核心作用的想法也越来越多……这本生动而引人入胜的书是关于一种可能比预期更快地成为主流能源的指南。

——《金融时报》

一个紧急行动的呼吁。

——《自然》

不是另一场气候变化论战，而是对氢能在扭转气候变化中的作用的热情论证。

——《柯克斯书评》

阿尔韦拉的这本书部分是宣言，部分是手册，科学爱好者和环保人士都应该感兴趣。

——《出版商周刊》

关于太阳能制氢的政策、技术和经济论据是令人信服的、清晰的和结论性的。但《氢能革命》还有一条更感性的线索，可以对阅读者产生同样的影响……阿尔韦拉的书明确指出，氢能为我们提供了一个伟大的想法，为我们的绿色能源挑战提供了答案。

——《工程与技术》

推荐序

　　加快实现碳中和以应对气候变化正逐渐成为全人类的共识。越来越多的国家发布了碳中和时间表，并采取了一系列的举措。在追求加速实现净零排放的同时，我们还必须保证为不断增长的人口和新兴经济体的发展提供足够的能源，可再生能源与氢能受到愈发广泛的关注。2018 年以来，全球氢能加速发展，并成为各国能源技术革命和应对气候变化的重要抓手。日本、德国、美国、韩国、澳大利亚等国纷纷加快氢能顶层设计，相继制定了氢能发展战略和路线图。氢能重卡、氢能冶金、天然气管道掺氢、燃氢发电、数字氢能等应用创新方兴未艾。

　　马可·阿尔韦拉（Marco Alverà）先生编写的《氢能革命》一书详细阐述了氢的历史发展脉络，融合了其对"利用氢能应对气候问题"的深入思考，阐明了在未来氢能如何帮助推动世界能源转型。该书以"净零排放"的必要性和迫切性为切入点，对氢气生产、运输、储存、应用的历史脉络和功能作用进行了梳理，将"氢"定位于"电"的绝妙搭档，共同构成未来能源转型的重要拼图。针对经济性和基础设施匮乏等氢能发展的最大障碍，书中也提出了相应的解决方案：在整个氢能基础设施建设的同时，如果能对既有能源设施加以改造利用将大大加速氢能时代的到来。而解决这些问题则需要统一规划和协调，并有赖于政府与产业界的通力合作。书中提到的天然气管道掺氢等工程实践也为我们提供了有益的借鉴。

作为一本科普书籍，作者采用口语化的生动语言巧妙地将复杂的氢能知识融入于一些生活化的实践事例中，形象地解释了"各种颜色"氢能的区别，对原本晦涩的知识进行了简单清晰的阐述，使得普通读者能够更好地认知了解氢能。该书的另一大亮点在于作者对未来氢能在生产生活、交通运输、航空航天等领域的应用前景展开了大胆的畅想，提出对氢能在"绿色材料""绿色道路""绿色海洋""绿色天空"等方面大有可为的期待，为我们描绘了 2050 年清洁氢全面取代化石燃料、实现净零排放、全球气候趋于稳定的美好愿景。透过纸面，氢作为能源互联互通媒介的形象呼之欲出。清洁氢能更是有望改变游戏规则，与日渐普及的可再生能源一道成为一种有效、负担得起的全球性能源解决方案。

我国氢能正处于规模化导入期，亟须社会各界联手打造"有规模有效益"产业。尽管全国各地陆续发布了近 200 份氢能相关的规划和政策，但产业尚未形成统一有序的管理机制，关键技术和标准体系支撑较为薄弱，民众对于氢能的认知尚不全面，甚至"谈氢色变"，这都不利于我国氢能产业的高质量发展。

《氢能革命》通过深入浅出的介绍为大众揭开氢能的神秘面纱，有助于引导社会全面理解氢能并携手共进。中国氢能源及燃料电池产业创新战略联盟自成立以来始终坚持组织政策研究、技术攻关、行业交流和氢能科普，先后培育了氢能白皮书、氢能大数据平台、氢能领跑者、与氢同行等品牌活动，为推动氢能产业化示范发展和大众广泛认知做了大量卓有成效的工作。

正如马可·阿尔韦拉先生所述，面对气候变化的威胁，没有一个人能够置身事外。作为企业家、政策制定者和消费者，我们每个人都在与时间赛跑。需要思考的是，如何采取有效措施来释放氢的潜能进而推动能源革命，真正从人类命运共同体理念出发应对气候变化，加速实现净零排放的美好未来。

中国氢能联盟理事长

国家能源集团董事、总经理、党组副书记

2022 年 3 月 10 日

目　录

本书评论

推荐序

引　　言 / 001

第一部分　**气候变化及其原因**

第 1 章　净零目标 / 009

第 2 章　当世界被按下"暂停键" / 018

第 3 章　致命弱点 / 021

第 4 章　共同目标 / 029

第 5 章　可再生能源的起起落落 / 038

第二部分　**氢能使用指南**

第 6 章　了解"氢" / 053

第 7 章　奇思妙想：氢能的早期使用 / 060

第 8 章　石油的诱惑 / 064

第 9 章　氢气彩虹：制取方法 / 069

第 10 章　氢气运输 / 082

第 11 章　氢气使用 / 092

第三部分　**氢能大有可为**

第 12 章　氢和电：一对能量组合 / 099

第 13 章　新的石油 / 109

第 14 章　让材料更绿色 / 119

第 15 章　季节性大作战 / 128

第 16 章　绿色道路 / 136

第 17 章　绿色海洋 / 150

第 18 章　绿色天空 / 155

第 19 章　火箭科学 / 164

第 20 章　安全第一 / 171

第四部分　**氢能启航**

第 21 章　使　命 / 179

第 22 章　绿氢弹射器 / 192

第 23 章　缔约方大会 / 198

第 24 章　消费者骑兵 / 211

第 25 章　让氢成为可能 / 215

注　释 / 218

附　录 / 228

词 汇 表 / 231

参考文献 / 236

致　谢 / 238

C O N T E N T S

氢 能 革 命

——

引 言

2050 年，威尼斯。今年是《巴黎协定》[一] 签署的 35 周年，是值得庆祝的一年。气候变化带来的影响终于烟消云散了，我们即将感受到全球开始降温后的第一缕清风。雨林和珊瑚礁都存活下来了，亦如这座美丽的城市。曾经濒临灭绝的野生动物也重获了生机。

我们可以在不影响地球生态平衡的情况下进行贸易、生产和旅行。

不光是照明设备和电动汽车，万物都是完全绿色无污染的。我们使用绿色肥料种植农作物，我们的家庭与绿色能源网相连，生产、交易和储存自己的清洁能源。超轻型垂直起降飞行出租车"上蹿下跳"，交通拥堵不复存在。飞机在天空中留下由冰组成的航迹云。船只、卡车和公共汽车无声无息地穿行，排出的不再是二氧化碳和烟雾，而是纯净的水蒸气。那些曾经令城市和我们都难以呼吸的污染物也都已经成为过去式。

而这一切，都是因为我们不再依靠化石燃料，而是合理利用了由太阳能和风能转化而来的氢能。

我们正在将沙漠中的太阳能和海上的风能输送到家中。欧洲从北非

[一] 《巴黎协定》是由全世界 178 个缔约方于 2015 年 12 月 12 日在第 21 届联合国气候变化大会中通过的气候协议，是在气候变化问题上具有法律约束力的国际条约。

氢能革命

和中东进口太阳能，推动地区发展。澳大利亚"收割"地球上最强烈的阳光，然后用船将其运往日本（以氢能的形式）。能源成本持续下降，推动了世界各地的经济发展，也创造了数以百万计的就业机会。

不过，这些都是美好的愿望。

现在，让我们回到现实。

多年来，我们尽管一直在努力解决气候变化的相关问题，但却偏离了正确的轨道。2020年是历史上温度第二高的年份，仅次于2016年。即便没有新冠肺炎疫情，2020年也会因为另外两个灾难而让人难以忘记，一是导致34人和30多亿只动物死亡的澳大利亚森林大火；二是美国加州史无前例的严重山火。

作为一个威尼斯人，气候变化给我的家乡带来了极大的影响。2019年，一场洪水侵袭了威尼斯，这给我们敲响了警钟——应对气候变化问题已是当务之急。威尼斯并不是个例。世界各地的沿海地区都在面临海平面上升的威胁。为了防洪，各城市都花费了巨额资金。极端天气事件对人、动植物和民生造成的损害难以用文字描述。不断上升的气温正在让这个星球上的部分地区变得难以生存。

我已经关注气候变化很长时间了，却对我们阻止这些灾难发生的可能性表示悲观。在担任能源企业高管的早期，我就接触了气候科学这一领域。有一次，我在挪威与气候战略家和作家加布里埃尔·沃克（Gabrielle Walker）一起爬山，累得气喘吁吁的时候，加布里埃尔对我说，有越来越多的科学证据表明，我们正在走向灾难。她认为，对于这个问题，我们不能只是动动嘴皮子。气候变化的灾难性后果太过严重，所以即使"气候倡导者"的做法有一丝对的可能性，我们也得抓紧做出有针对性的安排。

　　她的话让我醍醐灌顶。我开始了解有关气候变化的知识，并很快认识到，我们确实处于极度危险之中。后来，我的女儿们出生了，也就是从那时起，每当我看到"不加制约的气候变暖会在 2100 年造成什么影响"时，都会想到这种影响对我的女儿们以及她们这一代人来说可能意味着什么。

　　但是我了解的越多，就越感到无能为力。我了解化石燃料对地球造成的影响，但我不知道如何才能不再依赖它们去推动工业、交通运输和贸易发展。虽然我们在可再生电力方面已经取得了巨大进展，但电能也只占我们所使用能源的 20%。即使我们完全利用太阳能和风能来生产清洁的电力能源，我们还是有 80% 的能源缺口需要解决。这 80% 就是我们在交通运输、工业和供暖方面所需要的能源，目前这些能源主要来自煤炭、石油和天然气。

　　当然，我们可以用电能替代其中一部分需求，所以我们现在努力普及电动汽车和电力供热。但是，可再生电力的使用范围是有限制的，比如对于重型运输、工业和供暖等行业，电能很难完全渗透。国际可再生能源机构（IRENA）认为，到 2050 年，电能在能源结构中的占比将接近 50%。这是一个很不错的结果，但剩下的 50% 呢？如果真想避免灾难，我们需要像开发可再生电力一样尽快开发其他技术。

　　政府、企业和消费者的行为习惯已经根深蒂固，想要改变几乎不可能。但是几年前，一次不被看好的商业会议却改变了这一切。

　　2018 年 11 月，我在米兰的办公室里百无聊赖地等待漫长一天的结束。作为在欧洲和中东拥有天然气管道的能源基础设施公司斯纳姆（Snam）的 CEO，我的部分工作是思考未来的全球能源系统可能变成什么样子，以及我们需要采取什么措施来实现。我有一个课题就是带领 Snam

氢能革命

情景团队研究"欧洲如何在 2050 年之前将其二氧化碳排放量减少到零"。这一课题的目的是研究各种清洁能源（太阳能、风能、生物质能和氢能等）以及每种能源在生产、运输、储存和使用方面可能需要的成本。以此为基础，我们通过模型计算出了 2050 年这些能源的最小成本组合。

当翻阅研究报告时，我注意到在 2050 年氢能似乎将会有广泛的应用，而在目前的能源组合和政策讨论中氢能几乎没有存在感。

以前在学校科学课实验中，老师用电池从水中制出氢气时，我就见识到了氢的潜力。当我 17 岁读到儒勒·凡尔纳（Jules Verne）的科幻小说《神秘岛》时，也沉迷于幻想书中那取之不尽的氢能。在小说中，他说"水有一天会被用作燃料""构成水的氢和氧，单独或一起使用，都将提供取之不尽的热能和光能，煤炭根本无法与其相提并论"。[1] 读了凡尔纳的小说之后，我开始对这些可再生分子产生了浓厚的兴趣。

2004 年，在《神秘岛》出版了近 130 年后，凡尔纳的愿望还是那么遥不可及。当时，我是意大利电力公司 Enel 的战略主管，被邀请到日本横滨参加世界氢能会议。我回来后意识到，氢能有一个致命的短板，那就是它的价格太贵了。无论你是用核电还是可再生电力制氢，氢气的制取成本都比化石燃料高很多。我计算了一下，如果使用可再生能源制取的氢气，3 小时的汽车旅行成本将高达 4000 美元。

然而，在 2018 年米兰的一个傍晚，我们通过一个模型进行了预测，发现氢能将彻底改变我们的能源系统。模型为什么会有这样的预测结果？没人知道。我们点了披萨，试图边吃边解决问题。

很久以前，当我还是一名年轻的高盛（Goldman Sachs）分析师时，我了解到模型提供的答案取决于输入条件。俗话说得好："无用输入，就会无用输出。"因此，我们在米兰那天晚上从"输入"入手，很快就找到了解决问题的关键。

该模型预测，未来将有大量廉价氢气可供使用，因为用于制取氢气的可再生能源成本正在快速下降，将电力转化为氢气的设备成本也在下降。氢气将可由已建成的天然气管道运输，因此运输成本也不高。总而言之，经预测，到 2050 年，氢能不仅会成为许多行业最便宜的脱碳来源，还会比我们现在的石油、煤炭和核能更便宜。

对我来说，那一刻真的是豁然开朗。我意识到，氢能的真正使命是帮助我们在阳光和风力供应充足的地方收集太阳能和风能，并通过低成本的运输将其供应给我们的飞机、工厂和家庭。撒哈拉沙漠仅 1% 的阳光就足以为整个世界供电[2]，而氢能则是帮我们挖掘这种潜力的终极措施，并同时帮助难以电气化的行业脱碳。此外，许多人认为，能源转型意味着能源成本的上升，还需要用数十亿美元来支持发展中国家。但低成本的可再生能源和氢能组合，意味着我们可以实现一个净零排放的世界，同时能源成本比当前更低。

这个想法让我感到欣慰和兴奋。如果氢能真的可行，就意味着我们终于找到了一种用来对抗气候变化的方法。

我们所需要做的就是制订计划以推动其实现。

2018 年的这次会议打响了我们氢能工作的发令枪。接下来的几年里，我们进行了紧张的研究、现场试验和项目示范。

在这项工作刚开始时，氢能的拥护者还很少，但现在情况已经越来越乐观。越来越多的人认为，在 2050 年，氢能可以占到我们能源需求的 1/4[3]。

氢能革命

我们正在努力获得更多的支持，这本书就是我做的努力之一。这是一份关于能源新未来的宣言，一份关于氢能如何帮助拯救世界的蓝图。

书中，我按照自己的研究过程，最先说明了令人担忧的气候变化问题，以及最初我认为解决这个问题可能性不大的原因。值得庆幸的是，情况现在已经越来越乐观了，最主要的原因还是可再生能源的崛起。可再生能源可以直接帮助大量能源系统脱碳，并为其他解决方案提供支撑。

然而，可再生电力也有局限性，那就是它无法单独实现气候目标。氢能可以帮助突破这些限制并实现能源互联，将分子和电子、生产者和消费者、国家和地区联系在一起，帮助可再生能源进入能源世界的各个角落。我们早就认为氢能非常有前景，但直到今天我们才发现，它在成本上也可以具有竞争力。

除了阐述氢能如何能帮助我们实现净零排放，我还提出了一项计划，即我们怎样才能更快地让氢能的成本具有竞争力，在这场气候战中为我们赢得宝贵的时间。本书阐述了作为企业家、政策制定者和消费者，我们需要采取哪些措施来挖掘氢能的潜力。

通过购买商品、投票、投资甚至是聊天等方式，你可以做很多事来为氢能发展提供帮助。我们每天做出的成千上万个看似无关紧要的选择其实可以改变这个世界。

1

第一部分

气候变化及其原因

第 1 章　净零目标

第 2 章　当世界被按下"暂停键"

第 3 章　致命弱点

第 4 章　共同目标

第 5 章　可再生能源的起起落落

氢能

The Hydrogen Revolution

革命

氢能革命

第 1 章

净零目标

气候变化已经严重威胁到了我们的生存，亟待解决。我们必须以更快的速度实现净零排放，而且必须同时保证为不断增长的人口和新兴经济体的发展提供足够的能源。前路漫漫，道阻且长。

1944 年，29 头驯鹿被圈在一艘驳船上，运往美国阿拉斯加最偏远的地方之一——白令海峡的圣马修岛。这些驯鹿将被放养在岛上作为食物储备，以防战时岛上的无线电导航站工作人员错过他们的补给运输。1945 年，第二次世界大战结束，人们离开了圣马修岛，无线电导航站也随之废弃。但这些驯鹿却被留了下来。它们独自在岛上生活，繁衍后代。到了 1963 年，驯鹿达到了 6000 头。但是到了 1964 年，驯鹿的数量却急剧下降，只剩下了 43 头，可这 43 头也没坚持多久。现在，圣马修岛上已经没有驯鹿了，曾经的 6000 头驯鹿全都没能逃过被饿死或冻死的命运。

20 世纪 30 年代，一场可怕的沙尘暴吹走了北美大平原上 300 万吨的表土。漫天的沙尘把白昼变成黑夜，蝗虫和野兔又吃掉了剩下为数不多的

氢能革命

庄稼。数千人因吸入过多灰尘而死亡。本就不富裕的家庭无法种植庄稼，因此不得不放弃他们的农场，150万人被迫迁出平原。

1722年复活节，荷兰探险家雅各布·罗格文（Jacob Roggeveen）第一次登上拉帕努伊岛（后被称为复活节岛），看到的却是一片阴森恐怖的场景。土地一片荒芜，一棵树都没有。这是南太平洋中部一座受到强风和盐雾侵袭的岛屿，上面有近1000座精致的巨大岩石雕像。很显然，岛上曾经存在过一个繁荣的部落。人们用原木搬运大石头，并花时间和精力进行雕凿。现在，这些却不复存在。

上述的这些故事有什么共同点呢？它们都是由于环境被过度开发，人类和其他生物赖以生存的生态系统被破坏，进而造成了生物的灭绝。驯鹿啃食地衣（它们的食物来源）的速度超过了地衣本身的生长速度。沙尘暴的产生则是因为北美大平原的过度耕作和过度放牧，表层土壤无法抵御风的侵袭而造成的。虽然人们对复活节岛的故事是有争议的，但至少有一种说法被大多数人认可——森林砍伐是导致种群崩溃的关键原因。[1]

像这样的悲剧也会发生在我们身上吗？如果我们不采取任何积极措施，恐怕到时候就不只是一个部落灭绝的问题，而会波及整个物种。

人们很难接受个体或者集体死亡的观点，但最近看了关于美籍意大利裔物理学家恩里科·费米（Enrico Fermi）和他的著名悖论（费米悖论）的访谈后，我意识到了这种风险。费米在午餐时和他的物理学家朋友讨论起外星智慧生命极有可能存在。"你说它们都在哪儿呢？"费米想，"如果比我们更先进的文明确实存在，它们为什么没有与我们进行接触？"没有人知道。对于这个问题，人们倒是讨论出很多可能性，比如技术灾难或者核武库。但是，如果一些智慧文明被其环境限制，面临类似于圣马修岛上驯鹿的结局呢？我希望情况不是这样的，但这种想法确实让我不寒而栗，并使我产生一种"必须解决全球变暖问题"的紧迫感。

毫无疑问，我们正在挑战地球所能承受的极限。废弃物和环境污染正在毒害我们呼吸的空气。据世界卫生组织（WHO）称，全球范围内，我们周围的空气污染每年导致400多万人死亡，是2020年新冠肺炎疫情死亡人数的两倍，也是每年因疟疾和结核病死亡人数总和的两倍。[2]现在，数以百万计的物种正遭受严重威胁，甚至很多都已经灭绝了。科学家将其称为第六次大灭绝，前五次灭绝都发生在遥远的4.4亿年至6500万年前。这一次的大规模灭绝并不是因为火山爆发或小行星撞地球，而是因为我们自己。

燃眉之急

地球上的生命依赖于大气中气体的微妙平衡。植物吸收二氧化碳，长出树干和叶子，然后释放氧气。所有动物，包括我们人类，摄入碳（比如常见的意大利面就是一种碳水化合物），吸入氧气来分解食物、释放能量，然后呼出二氧化碳。当这种循环处于平衡状态时，大气中的二氧化碳浓度是稳定的。但现在，这种平衡状态已经被打破了。

如果人们砍伐森林，无论是用于燃烧还是其自然腐烂，储存在树木中的碳都会全部进入大气。燃烧化石燃料也会释放出数百万年前的植物和动物体内的碳。这些碳一旦释放，将会以二氧化碳的形式在大气中存留几个世纪之久。

迄今为止，化石燃料是最大的二氧化碳排放源（2019年总排放量为330亿吨）。[3]其他二氧化碳排放则主要来自工业过程和土地开发（如砍伐

氢能革命

森林），通过这些活动，我们向大气中额外排放了约 400 亿吨的二氧化碳。[4]
除此之外，还有大量的等效二氧化碳排放，包括甲烷等其他温室气体的排放，例如植物腐烂、牛羊反刍或天然气生产逃逸时所产生的甲烷等。甲烷对气候变化的影响甚至比二氧化碳更大，尽管其影响持续的时间较二氧化碳短。如果把其他温室气体换算成二氧化碳，然后全部相加，你会发现每年总排放量约为 520 亿吨二氧化碳当量。[5] 本书将重点关注二氧化碳，但请记住，要实现零排放，我们也需要减少其他温室气体的排放。这并非易事，特别是考虑到我们需要改变现有的生活方式。

二氧化碳排放从何而来？下面的图表显示了按行业划分的二氧化碳排放情况 $^\ominus$。

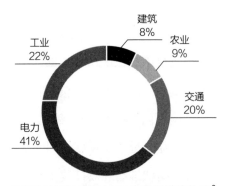

2019 年各行业估计的二氧化碳排放总量[6]

人类活动导致大气中的二氧化碳浓度已积累到大约 0.0415%（2019年），几乎是工业革命之前的两倍。这比过去 80 万年来的任何时候都高得

　$\ominus$　该项分析仅针对意大利、法国和西班牙。每个港口和城市群增加了叉车、地面运输、长途客车和卡车的选项。未强调单独的炼油厂或化肥厂。图示规模基于工业设施和交通枢纽的大致平均规模。

多，而且还在迅速上升。

大气中需要适量的二氧化碳和其他温室气体，因为它们能吸收地球表面散发的热量，并将其中的一些热量辐射回地表。我们需要这种被"困住"的热量来生存。否则，地球会被冻住。

但现在，温室气体有点"过量"。大气中的碳太多，所以吸收的热量也越来越多。不管排放源是什么，也不管排放源在哪儿，一旦二氧化碳被排放到了大气中，就和全人类息息相关。自1880年以来，全球平均气温上升了1℃以上，其中大部分上升发生在过去的50年里。尽管1℃听起来可能不算多，但反映在地表上的增幅要高得多，局部温度的波动也要极端得多，特别是在北极和南极。而且，温度上升的速度之快，远非自然界所能适应，并已经导致了大量的损失。

在全球范围内，降雨模式正在发生着变化。现在干旱的地区更加干旱，而潮湿的地区则更加潮湿。亚洲和非洲的旱灾不断恶化，导致了饥荒、大规模移民和冲突。生存环境的污染和恶化正使成千上万的动植物濒临灭绝。与此同时，飓风也变得越来越猛烈。海洋中的二氧化碳过多，正在酸化海洋并侵蚀珊瑚礁、影响浮游生物和软体动物的生存。海平面也在上升。从孟加拉国的达卡到美国的曼哈顿，数以亿计生活在海平面附近的人可能会面临流离失所的境遇。

基于目前的大气学和海洋物理学研究，经气候模型预测，如果不限制二氧化碳的排放，到2100年，地球的平均温度将继续上升约4℃。到时候，地球上的大部分地区都将不适合人类居住。但令人担忧的是，这还不是最糟糕的情况。

灾难往往先缓慢积累，然后突然暴发，全球变暖也不例外。如果温度上升太快，我们会遇到临界点，然后事情会突然变得非常糟糕。临界点包括亚马孙雨林的干涸和消亡，格陵兰岛和南极洲西部冰盖的消融（届时海平面将上升超过 10 米），尽管这些变化需要几个世纪才会显现。最糟糕的是，海洋沉积物和融化的永久冻土可能会释放出大量的强效温室气体甲烷，使地球进一步升温。这可能会成为让地球变得不宜居住的致命一击。

我们可能已经经过了其中一些临界点，比如相对温和的冰盖消融。如果全球继续变暖，其他的问题都会接踵而来。

"零"才是关键

为了避免灾难性的气候变化，人们达成了一个共识，那就是我们应该努力控制升温在 2℃ 以内，最好是低于 1.5℃。但留给我们"回旋"的空间已经不多了。即使我们现在立即停止二氧化碳的排放，温度也还会持续上升一段时间。因为海洋有巨大的热容量，其升温需要很长的时间；而等海洋变暖后，海洋会向大气释放热量，所以空气的温度仍然会继续上升⊖。

但仅仅减少排放是不够的，因为在我们将二氧化碳排放到大气中后，它会在大气中停留很长一段时间。即使经过一个世纪，还会留下 1/3；一千年后，差不多剩下 1/5。换句话说，大气像是一个被堵住的厨房水槽，而导致全球变暖的碳则积累到像是快要溢出来的水。即使你放慢水龙头的流速，水槽中的水位仍然在上升。就算你关上了水龙头，水槽里的水也需

⊖ 温室气体增加的过程就像打开暖气。当你在一个寒冷的房间里打开暖气时，空气温度在几分钟内就能升高 10℃，但墙壁的热容量要大得多，所以如果想让墙壁也变暖，需要更长的时间。而在墙壁变暖后，空气温度则会以更快的速度爬升，直到达到一个稳定的最终温度。这时，空气和墙壁的温度就达成了一个平衡。

要很长的时间才能排尽。

气候科学家已经计算出，在将升温控制在不超过 1.5℃ 的前提下我们还可以排放多少二氧化碳（碳预算）。以 50% 的概率保持在这个阈值以下来看，大约是 4400 亿吨 [7]；而为了保持在 2℃ 以下，则是 7000 亿吨。这一计算仅针对二氧化碳，而且建立在其他温室气体排放迅速下降的前提之下。

如果按照目前排放二氧化碳的速度（约每年 400 亿吨），那么离升温突破 1.5℃ 还有 11 年的时间；离升温突破 2℃ 还有 18 年的时间。上述所有计算都以 2021 年的数据为基础，并且以当前的排放速度来计算。值得注意的是，年排放量可能仍会增加。2019 年，与能源有关的二氧化碳排放增加了约 1%。而 2020 年，由于新冠肺炎疫情的发生，事情有了一些转机。人们被迫居家办公，交通量下降或完全停止，因此与能源有关的排放下降了 20 亿吨。[8] 但在写这本书时，国际能源署预测，2021 年的二氧化碳排放量将回升 15 亿吨 [9]，几乎又回到了 2019 年的峰值。

为了保证不突破碳预算，我们需要实现净零排放。实现这一目标的时间完全取决于我们所选择的路径。假设二氧化碳排放量线性下降，我们将能在 2040 年左右达到全球净零排放，并将大气中的二氧化碳含量保持在 4400 亿吨以内。而如果我们能更早更快实现减排，我们就能拥有更多回旋的时间。从碳预算的角度来看，我们当前每年减少 1 吨二氧化碳排放，可以达到十年后相同减排量十倍的效果。我们还可以积极减少除二氧化碳以外的变暖源（如甲烷）的排放，这也将对净零排放目标有所帮助。[10]

我们也可以主动将碳从大气中移除，比如通过植树、木炭掩埋、碳矿化或使用溶剂从空气中捕集二氧化碳，即直接空气捕集（DAC）。如果在减排的同时，我们还能采取上述这些措施，就能更快地减少净排放，增

氢能革命

加碳预算。事实上，在政府间气候变化专门委员会（IPCC）公布的符合
"将升温控制在 1.5℃之内"目标的场景中，有三个场景使用了碳移除技
术，将碳预算翻了好几倍。[11] 但是，负碳技术并不是我们继续肆意排放二
氧化碳的借口。这些技术要么尚未规模化，要么未经证实，或者二者兼
有。因此，我们的当务之急是尽可能多也尽可能快地减排。

这意味着我们需要进行能源生产和消费方式的革命⊖。今天，80% 的能
源来自化石燃料，剩下的 20% 是清洁能源，其中大部分是生物质能、核
电和水电。这些能源已经存在了很长时间，且出于许多原因，其增长前景
乏善可陈。风能和太阳能等新型可再生能源目前仅占一次能源（天然能
源）的 2%（全球平均水平，部分地区的可再生能源渗透率相对高得多）。

实现零排放意味着我们需要将发电能源从煤炭、石油或天然气转为主
要使用太阳能和风能；替换石油驱动的车辆；改进材料及其工艺流程，放
弃以化石燃料为原料进行制造；不再使用化石燃料为家庭供暖。

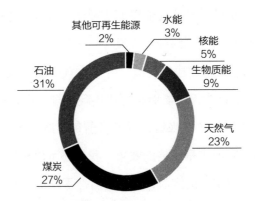

2019 年按能源种类划分的全球一次能源消费结构

⊖ 此外，我们还需要解决农业、土地利用变化、废物管理与处理等问题。

此外，人口增加和社会发展都会给能源系统带来额外压力，所以我们还需要转变经济发展模式。到 2050 年，全球人口将从现在的约 79 亿增长到约 97 亿。随着经济的繁荣，人均能源消耗量也会随之增加。不同地区人均能源消耗量之间的差异如下表所示。

表 1   2019 年人均能源消耗量

能源消耗量	兆瓦时 / 年
全球平均	22
美国	78
欧盟 27 国	35
非洲	8
亚太地区	17

2019 年，美国人均消耗了近 80 兆瓦时的能源，而非洲人均能源消耗量仅为 8 兆瓦时。在全球范围内，当前人们每年消耗约 17 万太瓦时的能源。到 2050 年，能源消耗量会变得更大，而且这些能源还得是清洁能源。

这不是一般的艰难，难怪有些人认为我们除了停止使用能源，别无他法。

氢 能 革 命

第 2 章
当世界被按下"暂停键"

2020 年，新冠肺炎疫情暴发，随后全世界各地都进行了不同程度的管控。我们也因此知道，通过改变生活方式来解决气候危机是行不通的。个体的努力虽有成效，但我们更需要的是一个能将净零排放与我们的生活相结合的解决方案。

呼吁"暂停"的做法是有一定价值的，因为它能够集中思想，让人们停下来思考，而思考从来都不是一件坏事。人们批评气候政策抗议组织"反抗灭绝"（Extinction Rebellion），认为其通过"公民不服从"抗议活动来呼吁开展气候行动的方式过于戏剧性了。他们喊着各种口号：不要再烧东西了！不要再坐飞机了！不要再生产和购买东西了！不要再吃肉了！不要再生孩子了！但其实，抱怨戏剧性的人往往忽视了戏剧的力量。你不能光从字面上去理解，而要认真思考。气候问题确实刻不容缓，但我们也需要重新审视许多我们认为理所当然的事情。

第一部分
气候变化及其原因

2020 年初，当新冠病毒肆虐全球时，我们无所适从。世界好像被按下了"暂停键"。我们不再通勤上班，而是居家办公；我们不再去学校，而是接受在线教育；我们不再开车出门；我们不再坐飞机；我们不再去咖啡厅和餐厅；我们不再参加户外运动。

但这并不是什么好事。对社会上最贫穷、最脆弱和最边缘化的人来说更是如此，他们因此遭受了失业、公司破产和更严重的不平等对待。所以，"暂停"所有工业、旅游业和商业影响广泛，不单是既得利益者会受到影响，世界上所有人都会受到影响。

管控虽然痛苦，却让我们看到了一个安静、清洁的世界：城市里空气新鲜，骑行者和行人共享着空旷的道路。我很惊喜地看到了许多野生动物"接管"各国首都街头的照片，也亲眼看到鱼儿在清澈的威尼斯运河中成群聚集（虽然这可能和污染没多大关系，更多是因为没有船只搅起河底的沉积物）。管控确实对减少污染和二氧化碳排放起到了一些积极作用。根据欧洲哥白尼大气监测服务中心（Copernicus Atmosphere Monitoring Service）的卫星观测结果，在 2020 年 3 月，意大利的两种主要空气污染物（二氧化氮和颗粒物）含量下降了 40%~50%。

但这远远不够。2020 年，与能源相关的二氧化碳排放量只比 2019 年降低了 6%，[1] 距离实现净零排放的目标还是很遥远。

所以很明显，单纯的"暂停"是行不通的。

但我们还是可以从疫情中吸取一些教训。突发事件能给人们提供反思和改变的机会。至少在某种程度上，人们已经开始反思和改变了。令我深受鼓舞的是，欧洲各国的政策制定者在面对不得不向经济注入资本的情况时，迅速而又相对统一地做出了反应，明智地决定尝试将刺激措施与绿色

氢能革命

目标结合起来。根据相关要求，37% 的经济复苏资金（7500 亿欧元）必须与气候变化项目挂钩。在美国，总统拜登也公布了一项 2 万亿美元的基础设施法案，他称这是"美国的历史性投资"，包括道路、桥梁、港口和铁路等方面，以及鼓励使用电动汽车和可再生能源。

2020 年的疫情让我们看清了一个残酷的事实，那就是按下"暂停键"并不能帮我们解决气候问题，但它也给我们提供了一个机会来重新思考我们的生活，以及如何构建更美好的未来。我们能抓住这次机会吗？到目前为止，我们在认真应对气候变化这方面一直做得不怎么样，但值得欣慰的是，情况确实在好转。

氢 能 革 命

———

第 **3** 章

致命弱点

我们很早就知道气候在发生变化，但却长期以来难以从根源上解决该问题。我们缺乏一个明确的目标，再加上现有的技术不足且成本高昂，使得减缓气候变化与加快经济发展格格不入。

"……按照我们目前向大气中排放二氧化碳的速度，在未来几十年里，大气中的热量平衡可能会被打破，并带来明显的气候变化。"[1]

让我们猜一猜上面这段话是什么时候说的？答案是 1966 年，出自诺贝尔奖得主、美国原子能委员会主席格伦·西奥多·西博格（Glenn T. Seborg）。可见几十年前，科学家们就已经发出了警告。

《京都议定书》已经签署 20 多年了[⊖]，各缔约方承诺在后工业化进程中减少温室气体排放。但从那个时候起，人们已陆续排放了近 7000 亿吨二氧化碳到大气中。这和从工业革命开始到《京都议定书》签署期间的总

———

⊖ 1997 年 12 月 11 日签署，2005 年 2 月 16 日生效。截至 2010 年 5 月，共有 191 个缔约方。

氢能革命

排放量相差无几。按照目前的速度，在未来 30 年里，我们排放的二氧化碳将与过去 250 年的排放量相当。[2]

就像美国小说家乔纳森·弗兰岑（Jonathan Franzen）说的那样："控制全球碳排放、防止地球'融化'，听起来有一种卡夫卡小说的感觉。30 年来这一目标一直很明确，尽管我们一直在努力付出，但基本上没有取得任何进展。"[3]

为什么我们人类做得这么差呢？

因为我们缺乏一个明确而积极的目标。在很长一段时间里，有关气候变化的目标都很模糊，比如减少多少百分比的排放。设计师威廉·麦克多诺（William McDonough）说，这有点像告诉出租车司机"我不去机场"，或者决定要"改掉不良嗜好"。那不去机场去哪里呢？不良嗜好是什么呢？我们都不知道。[4]

我们缺少明确目标的主要原因是我们不知道该怎么做，我们无法提供好的或者合理的解决办法。关键问题是，当时我们应对气候变化的主要工具是可再生电力，而那时可再生电力比化石燃料贵得多。

也就是说，即使是很小的减排，也要支付高昂的成本。为了将可再生电力并入能源体系，早期应用该技术的国家不得不支付数十亿美元的补贴。令人惊讶的是，意大利的首次太阳能拍卖将 20 年太阳能拍出了超过 450 欧元 / 兆瓦时的价格（作为参考，当时的电价为 60~70 欧元 / 兆瓦时）。如果可再生能源发电取代了天然气发电，那么每兆瓦时可再生能源发电可减少 370 千克的二氧化碳排放。用支付的费用除以减少的排放量，每吨二氧化碳价值约 1200 欧元。而现在，欧洲对某些行业的碳排放定价（排放交易体系）差不多是 50 欧元 / 吨。

欧洲国家在可再生能源领域的早期投入巨大，承诺提供 7500 亿欧元的补贴。在意大利，我们每年要支付 110 亿~120 亿欧元用于补贴，也就是每个家庭每年需要多交 75 欧元或 15% 的电费。对政府来说，提高能源成本的政策是不可取的。能源贫困是一个日益严重的现象，而在公用事业账单上增加额外费用是一种不公平的筹资方式，因为这对不太富裕的人的影响更大——他们的可支配收入中用于能源的比例会更高。我们也许可以通过提高能源价格来控制排放，但如果征收 10% 的汽油税，人们可能就不得不减少其他方面的基本需求。过去几年里，政府已经见识到了提高能源价格有多么困难，哪怕只提高一点点。

这就是政府面临的难题：他们需要以某种方式重塑工业和经济体系，让经济受到高能源价格冲击时人们也不至于失业。但是，政府似乎至今都还没有找到一种令人满意的解决方案。

我们缺乏积极的目标还因为我们手头没有合适的技术。何况能源行业既复杂又分散，想要跨行业合作非常困难。

运营商也不太知道其他人都在做什么。例如，电力部门对用于发电的天然气非常了解，但对用于供暖、工业和运输的天然气却几乎一无所知。天然气公司认为电力部门是自己的客户，所以不会花太多时间分析如何平衡电网。在过去的很多年里，这些知识对他们来说也不重要。一般来说，公司都是先确定自己所在行业的需求，然后尽其所能地解决这些需求。只要煤炭、石油、天然气和电力是分开生产和消费的，就不会有什么问题。

但现在，人们有了跨行业合作的意向，却因为没有一种统一的方式来衡量和描述不同品类的能源而受到了限制。其他行业大多都有统一的单位。例如，在信息和通信技术行业，字节（千字节、兆字节、千兆字节、

氢能革命

兆兆字节）可以用来表示数据存量，比特／秒则可以用来表示数据传输速率；汽车行业也有统一的功率单位——马力。有了一个统一的单位，人们在选择电脑、互联网连接或汽车的时候就会方便得多，因为你至少是在同类事物中进行比较。但是，如果涉及能量，可用的单位可就多了：你可以选择用焦耳（J）或吉焦耳（GJ）；电力公司用的是兆瓦时（MWh）；石油生产商交易用的是桶石油当量（boe）或吨石油当量（toe）；天然气公司用的是标准立方米（scm）、立方英尺（cf）或百万英热单位（MMBtu）；矿业公司用的是煤炭当量吨（TCE）；而气候科学家则使用二氧化碳当量排放量（$GtCO_2e$）来绘制图表。此外，你可能还希望比较容量，或者每小时、每天或每年的流量。

如果你想用相同的能量单位来比较不同的燃料，那么就需要一个换算表。每当有人提及我不熟悉的单位时，我都会把这个换算表拿出来仔细查阅。下面的表格显示了不同能量单位之间的换算和每兆瓦时能源的价格（1 兆瓦时大致是一个意大利家庭四个月的用电量，或者 3/5 桶原油或 91.4 标准立方米天然气所含有的能量）。在 2021 年的前三个月，1 兆瓦时石油的价格为 38 美元，而 1 兆瓦时天然气在欧洲的价格为 22 美元、在美国的价格为 10 美元。这意味着，按单位能源的价格计算，在欧洲，石油是天然气的 1.7 倍；而在美国，石油几乎是天然气的 4 倍。有关氢能计算的更多细节，请参阅附录。

表 2　能量单位换算

MWh （电力）	boe （石油）	scm （天然气）	MMBtu （天然气）	TCE （煤炭）	kg （氢气）
1	0.6	91.4	3.41	0.12	25

表3　2021年第一季度每兆瓦时能源价格

	石油（全球）	天然气（欧洲）	天然气（美国）	煤炭（欧洲）	灰氢	绿氢	蓝氢（欧洲）[5]
能源当量价格 /（美元/兆瓦时）	38	22	10	14	50	100~140	60

这些数据相当复杂和混乱，让人无法识别更好的转型路径。而且更令人担忧的是，通常能源系统转型的速度非常缓慢。

大多数人认为19世纪由煤炭主宰，20世纪由石油主宰，而21世纪将属于可再生能源。但事实上19世纪并不由煤炭主宰，而是以木材、木炭和谷物秸秆为主要燃料，这些能源占当时世界能源的85%。而在20世纪的大部分时间里，占比最大的能源也不是石油，而是煤炭。石油的使用直到1964年才超过煤炭。在今天的美国，即便成本低廉，天然气也没有取代柴油在卡车运输中的地位。

人们寻求改变的阻力如此之大，并不是现代社会才有的问题，也不是我们轻易就能纠正的。相反，这恰恰反映了想要做出改变有多难。

通盘考虑有限的措施和分散的产业，不难看出为什么这么长时间以来，在应对气候变化方面，我们缺乏"北极星"，即所有人追求的共同目标。

也是因为这个原因，基层民众的动力普遍不足。让我们从人们日常生活的角度来思考。一方面，他们心里有一种暗示，那就是我们可能会在某个时刻面临灾难；另一方面，他们又认为，想要解决问题的话，可能必须得做出难以想象的牺牲。

在这种情况下，人们会怎么做？一般来说，人们会选择逃避。正如气

氢能革命

候变化专家乔治·马歇尔（George Marshall）在《不要想了》（*Don't Even Think It*）一书中指出的那样："……人们很难长时间地盯着引起焦虑的事情。"[6]我们都追求正常化的生活。乔纳森·弗兰岑也说过，人们更愿意思考早餐吃什么，而不是死亡。[7]从这个意义上来讲，气候变化是一个特别棘手的问题：我们感到无能为力。而且这个问题太复杂了，似乎很难解决。

没有动力，就很难取得凝聚力。以自行车为例，如果有一定的速度，自行车就能够平稳地向前移动，而且踩起来也不费劲。但如果速度很慢，它就会摇晃不定。十字军东征和竞选活动也差不多是这样。一旦失去动力，本来应该在一起合作的各方就会变得不信任彼此，进而不断争吵。气候变化已经变得政治化了，在美国尤其如此。环保人士和能源行业找不到共同的利益点。

同样，面对共同的威胁，各国也没能走到一起，而是玩起了"以邻为壑"的游戏，寄希望于其他地区的脱碳成本会下降。多年来，美国一直拒绝签署《京都议定书》，严重影响了其效力，因为美国自己的碳排放量就占了全球的1/4左右。2001年，时任美国总统乔治·布什（George W. Bush）的反对理由是减少温室气体排放会使美国经济受到影响，而且"《京都议定书》并未限制中国和印度等发展中国家的碳排放，并不公平"。[8]发展中国家的人们则认为他们不是导致气候问题的"罪魁祸首"；到了现在，随着生活水平的提高，他们的能源消耗才有所增加。

2018年，在欧洲煤炭之都、波兰西南部的卡托维兹举行的《联合国气候变化框架公约》第24次缔约方大会（COP24）上，我目睹了这种缺乏合作的情况。我从未见过比这更令人沮丧的场景。数百名谈判人员连续数周夜以继日地工作，却毫无进展。午餐时，一位代表分享了他对这次谈判失败的看法。很显然，这次失败是因为一位具有影响力的海湾国家的高级外交官直截了当地拒绝合作。而一直秉承着用"胡萝卜加大棒"的政策来胁迫对其不顺从者的美国几乎没有参与，这导致许多人态度消极。在实际谈判中，想要在僵局下解决任何问题是不可能的，所以这次谈判让人筋疲力尽却没有希望。

我认为，从全球碳价格就能看出世界各国想要在气候变化问题上进行合作有多困难。这一政策有两个巨大优势。首先，它让市场来决定在全球范围内，哪些地方的减排成本最低廉。这将比让每个国家自己设定减排目标要高效得多。另外，它还将可以筹集转型资金，并用于帮助那些受到政策影响最严重的人，比如产煤地区的工人。作为一名经济学专业毕业生，我认为这个想法很有吸引力，但感觉其实现的可能性并不大。单就"全球碳价格"一词，就会导致接下来的讨论基本上失去意义，高层决策者也会开始"幻想"一些不切实际的解决方案。

我们也许并不需要一个全球碳价格来推动重大政策的实施。有意愿的联盟、带有分工协作的双边协议，甚至是单边行动，都可以推动世界向脱碳迈进。例如，欧盟已经设定了一个内部的碳价格，并正在考虑征收碳边境税（对那些国家的进口商品根据其制造过程中排放的碳量收费）。慢慢地，其他国家可能会发现，实施自己的内部碳价格，省去欧盟边界调整可能会更好。这是我们能够在世界范围内建立一个宽松协调的碳价格体系的方法之一㊀。

㊀ 中国的碳排放权交易市场（碳市场）于 2021 年 7 月 16 日正式启动，这标志着在全球碳价格的道路上，中国迈出了重要的一步。

氢能革命

自巴黎气候峰会以来，历届联合国气候变化大会都未能成为我们采取行动的契机。不过想想我们面临的情况：没有明确目标、技术工具不足、缺乏领导力和动力，这样的结果也不足为奇。

但威胁真的依然存在，全球升温已经达到 1℃，而且气温还在迅速上升。我们需要把 2021 年作为气候变化的转折点载入史册。我们要迎难而上，充分利用后疫情时代涌入经济的数万亿美元来解决气候问题。

值得庆幸的是，我们现在似乎已经找回了曾经缺少的动力。

氢能革命

———

第 4 章

共同目标

别担心。我们现在有共同的目标,那就是"净零"。这一目标为我们指明了方向和目的,并能推动相关行动。新一代人将致力于气候事业,而且全球政治格局也会发生变化。可再生能源的价格已经变得非常便宜,吸引了大量绿色投资。这一切都发生得很快。

现在,对于我们是否能够解决气候变化问题,我比以往任何时候都要乐观。经过几十年的犹豫不决,事情似乎终于朝着正确的方向发展了。我相信,我们现在处于充满希望和变化的转折阶段。

首先,我们现在有了一个明确的目标——"净零"。在写这本书时,欧盟、英国、挪威、新西兰、日本、韩国、智利、南非、瑞士和哥斯达黎加都承诺到 2050 年实现零碳排放。更令人惊喜的是,中国宣布将力争于2060 年前实现碳中和。美国似乎也在朝着净零排放目标迈进,并承诺到2030 年将排放量减少至 2005 年水平的 50%。

"净零"给了我们很大助力:它聚焦了人们的注意力,这是过去模糊

氢能革命

的全球温度目标未能做到的。在欧洲，我们已经放弃了"必须将整体目标分配给不同的国家，然后再分配给不同的部门"这个想法，而是设定了一个简单而大胆的目标，就连我年幼的女儿都会认可。

"净零"并不能改变我们必须做的事情，但能让我们无法再置身事外。如果我们必须在2050年之前减少碳排放，那么每个人都必须尽自己的一份力。所有公司的业务都会受到影响。政府和企业将承担更重的责任。"净零"还改变了人们对如何应对气候变化这件事的看法。以前，对人们来说，所有应对措施都是消极的、有限的、昂贵的和不公平的，而现在，人们觉得如果一起努力，还是有可能成功的。

有了目标，我们就可以开始计划了。为了达到净零排放，我们需要在设计解决方案时牢记目标，抱着"每一小步都是有价值的"的心态来处理最简单的问题，进而通过量变带来质变，以解决更长远的问题。

全社会对气候变化问题越来越重视。我发现我的两个女儿的环保意识也越来越强。在新冠肺炎疫情暴发之前，她们在上学的路上总是问我："爸爸，你为什么不买一辆电动汽车呢？"（后来我就买了一辆混合动力车），"为什么我们的午餐盒是塑料的呢？"（现在已经换了），"为什么米兰的树这么少呢？"（后来斯纳姆成立了一家公司，通过植树来抵消二氧化碳排放）我之所以这么迫切地希望能够帮助应对气候变化，其中一个原因就是我对女儿们的关心。

企业家们也做了很多事情来吸引人们的注意，并让可再生能源革命变得很"酷"。电动汽车逐渐受到人们的喜欢，很大程度上要归功于埃隆·马斯克（Elon Musk）。他的特斯拉（Tesla）科技感十足，成为很多人的梦想之物。

除了态度转变，我们还需统筹一致的行动。我们需要改变制造业、运输业和供暖制冷的方式。英国《金融时报》曾表示，要实现脱碳，需要战时动员水平。[1] 这毫无疑问是正确的。

那么，我们怎样才能让生活在地球上的约 80 亿人协调一致，朝着同一个方向努力呢？

我从尤瓦尔·赫拉利（Yuval Harari）的《人类简史》（Sapiens）[2] 中了解到，人与其他动物的区别在于：通过共同信念和内心理念，人能够与从未见过面的其他人合作。这些共同信念和内心理念塑造了人类的集体行为。货币和市场是我们实现这一目标的方式之一。对绿色投资的狂热也是一个很好的例子。如今，投资者和储户都希望他们的基金经理选择绿色股票。他们认为这是一桩好买卖，因为站错队的公司会失去市场份额，甚至倒闭，而那些领导变革的公司则会有无限的机会。他们还认为，如果他们投资好项目，不好的项目就会因缺乏资金而"流产"，这样一来，他们相当于引导公司决策。

因此，大型基金在投资方面变得更加挑剔，也变得更有发言权。到 2020 年，共有资产总和超过 100 万亿美元的 3000 多家机构签署了联合国支持的责任投资原则。这一原则要求投资者在投资时必须考虑环境、社会和治理因素。还有一些机构走得更远。例如，管理着 3550 亿英镑资产的英杰华投资公司（Aviva Investors）就警告称，如果旗下投资的 30 家石油和天然气公司不采取更多措施应对气候变化，英杰华将撤资。

贝莱德（BlackRock）——资产管理领域的巨无霸——管理着 8.7 万亿美元资产，是全球多个超大型企业的股东。该公司 CEO 拉里·芬克（Larry Fink）在 2021 年写给贝莱德所投资的公司的 CEO 的信中说道："气

氢能革命

候变化在我们客户的优先事项清单上始终排在首位。他们几乎每天都在问我们这个问题。""我们要求企业披露相关计划，说明他们的商业模式将如何与净零经济相适应。"芬克警告称，如果进展缓慢，贝莱德将在股东大会上对管理层投反对票，并有可能抛售股票。[3]

企业需要清晰明了地告诉市场，他们的业务到底有多环保。这意味着，首先需要就"什么是环保"这个问题达成共识。其中欧盟分类系统是一项有效的机制，其对不同的商业活动及其环境兼容性水平进行了分类。

与此同时，具有明显的绿色资质的公司都做得不错。它们快速发展，对更大的绿色项目进行投资，并从股市获得回报。NextEra 是一家专注于太阳能和风能的美国公用事业公司，其市值在 2020 年超过了全球最大的石油和天然气公司埃克森美孚（Exxon）。另一家受欢迎的清洁能源公司是丹麦沃旭能源公司（Ørsted），该公司的前身是一家名为 DONG Energy 的石油和天然气公司。自 2016 年以来，该公司出售了所有化石燃料业务，并推出了世界领先的可再生能源业务。2021 年，该公司股价跟 5 年前相比翻了 4 倍多。这些清洁能源公司现在被称为超级巨头，而这个名号之前只被用来形容一些大型石油公司。2021 年 4 月，特斯拉的市值也超过了6500 亿美元。

不出所料，那些站错队的公司正急迫地想要适应当前的形势。2020年，石油和天然气巨头们的业绩并不理想。最大的五个公司的资产负债表总计缩水 770 亿美元。虽然 2020 年确实不太寻常，因为受新冠肺炎疫情影响，经济体并没能使用太多石油，但与一些可再生能源类股票的出色表现相比，化石燃料确实"大势已去"。英国石油（BP）、壳牌（Shell）和道达尔（Total）等公司正努力减少碳足迹，提高低碳和可再生能源业务的份额。

能源领域以外的大公司也在支持这一事业。自 2019 年以来，数十家跨国公司已承诺将实现净零排放，其中苹果承诺到 2030 年实现，联合利华是 2039 年，而亚马逊是 2040 年。微软在这方面做得更好，承诺到 2030 年实现"负碳排放"。同时，由于日本缺乏可再生能源基础设施，索尼声称要退出日本。

政界和企业界也将会互相支持。随着各国政府就国内和全球气候目标进行谈判，他们能从企业界得到更多支持。企业界已经从怀疑气候行动的可行性和担心能源转型成本，转变为积极参与净零行动。

现在，"拼图"已经快拼好了。我们有目标，有气候领导力，有社会动力，也有绿色资金。最后一块拼图，也是其他一切的基础，就是可再生能源的快速发展。以前，可再生能源价格昂贵、市场小众，但现在其价格低廉、增长迅速。这就是为什么我们现在可以对一个零碳世界的前景抱有期望了。

太阳能和风能都是十分诱人的资源。大自然慷慨地提供免费的阳光和风，但你不可能直接使用它们，还需要专门的技术将其转化为电能。

1839 年，法国物理学家埃德蒙·贝克勒尔（Edmond Becquerel）发现，一些材料暴露在光下会产生电流。但直到 1940 年，贝尔实验室的研究员拉塞尔·奥尔（Russell Ohl）从硅中获得了电流，我们才开始研究现代太阳能电池技术。

在很长一段时间里，太阳能都非常昂贵。1956 年，太阳能电池板的价格是每瓦特容量 200 多美元。[4] 这是一个很大的数目，差不多是 2 万美元 / 兆瓦时。因此，除了一些小范围的应用外，大多数领域是用不起太阳能的。其中一个用得起的场景，还不在地球上。1958 年，美国发射了先

氢能革命

锋 1 号卫星，这是第四颗人造卫星，也是第一颗太阳能卫星。太空机构财力雄厚，但对于日常应用来说，太阳能过于昂贵。

经过无数科学家和工程师的不懈努力，太阳能终于又回到了地球，其中就包括美国光化学家埃利奥特·伯曼（Elliot Berman）。他认为光伏电池可以用半导体工业的废弃物来制造。有瑕疵的硅在电子产品中用处不大，但在太阳能电池中表现良好。在 20 世纪 70 年代早期，光伏电池的价格因此降至 20 美元 / 瓦，进而将太阳能发电的价格降至 2000 美元 / 兆瓦时。情况好了许多，但我们仍需努力。

太阳能发电的另一个转折点出现在 2009 年，欧洲为自己设定了一个当时看起来野心勃勃的目标，即到 2020 年，使 20% 的能源来自可再生能源。据此，德国、意大利和西班牙等国也设定了各自的可再生能源目标，并向可再生电力生产商承诺，为他们生产的电力设定一个固定的高价格。在第 3 章中，我们已经看到，其代价确实很高。[5]但好在，这一举措起了作用。受到巨大市场激励，供应商扩大了他们的工厂和供应链规模，快速降低了技术成本。

其中大部分供应链来自中国。从 2006 年到 2013 年，中国在全球光伏电池生产中的份额从 14% 增长到 60%，期间全球市场规模增长了 18 倍。[6]规模化推动价格下降，形成了一个正反馈循环。更高效的生产线和更多的研发资金引发了规模经济效应。平均而言，生产规模每扩大一倍，价格就会下降 20%（这个数值被称为学习率）。2019 年，太阳能电池板的成本已降至 0.40 美元 / 瓦。[7]另一个取得进步的是太阳能项目本身的规模。一些非常大的兆瓦级项目由数百万块面板组成，并且实现了安装和维护的全部自动化和数字化。公用事业规模的项目发电成本降低至小型屋顶太阳能电池板的 1/4。[8] 因此，欧洲的政策在全球范围内实现了可再生能源生产的工业化，让充足而廉价的阳光"触手可及"。如果我们真的能把升温控制在 2℃ 以内，我们得感谢 15 年前就开始这一事业的政治家和许多不知情但做出了牺牲的用户。

而且，现在还有一些突破蓄势待发。1839 年，人们在乌拉尔山脉首次发现钙钛矿晶体，并通过技术手段使其转变为太阳能发电材料，从而降低了太阳能发电成本。通过该技术可以制成厚度远小于头发丝直径的薄膜，其制作成本低廉，而且可以贴在建筑物、汽车甚至衣服上。把这种薄膜贴在基材上，或者用类似喷墨打印机的方式打印在基材上，就可以制造出一种即时光伏装置。在阴天，甚至在室内，钙钛矿也比硅的光电转化性能好。如果这项新技术的成本降得足够低，就可以直接在城市中建设太阳能发电站。

太阳能的发展依赖于供应链的扩张，但风力发电的发展则依赖于涡轮机自身的容量提升，而当前的涡轮机容量已经十分巨大了。

1887 年，格拉斯哥的詹姆斯·布莱斯（James Blyth）教授建了一个风车用于发电。这个风车是一个庞然大物，足足有 10 米高，安装在他苏格兰东北部度假小屋的花园里。但是这个风车没有让他得到大家的认可。布莱斯提出为当地的商业街照明供电，玛丽柯克的人们却宣称风电是"魔鬼的杰作"。他没有退缩，而是又建造了一台涡轮机，为当地的精神病院提供电力。

风能逐渐成了偏远地区的首选能源，在 1941 年，该行业的发展取得了巨大的飞跃。当时在美国佛蒙特州的卡斯尔敦，1.25 兆瓦的史密斯 - 普特南风力涡轮机成为了第一个连接到当地配电网的风力发电机。这为更大

氢能革命

规模的开发带来了希望，而且与任何技术一样，规模扩大就能够降低成本。

风能领域先行者众多，其中一个关键人物是马萨诸塞大学土木工程教授比尔·赫罗尼穆斯（Bill Heronemus）。在 20 世纪 70 年代，他提出了第一个详细的风力涡轮机阵列计划。"风电场"这个词正是他发明的，他和他的团队用无数的技术论文支撑着现代涡轮机技术。他甚至设想了大规模的海上风力发电场，以将电能转化为氢能。这个想法也在今天欧洲的多格滩和北海实现了。

多格滩风电场将风力涡轮机升级到了一个全新的水平。巨型涡轮机从海床升起 250 米（从 55 公里外就可以看到它们），重达 2800 吨，为 16000 户家庭提供足够的电力。这些涡轮机的规模提升和它们背后巨大的产业，都意味着风力发电会变得更加便宜。

想当初在 20 世纪与 21 世纪之交，太阳能成本还是 1000 美元 / 兆瓦时，再看现在就能知道我们在可再生能源方面的进步有多么神速。2021 年，沙特阿拉伯一个太阳能竞价项目成交价只有 10.4 美元 / 兆瓦时。2000 年风力发电成本为 180 美元 / 兆瓦时，而在 2021 年，西班牙的一场拍卖成交价已经降到了 25 美元 / 兆瓦时。[9] 虽然这种成本缩减的步伐与电子领域相比相形见绌，但在其他领域几乎是不可想象的。

这也意味着，现在在世界上许多地方，太阳能和风能的生产成本要比化石燃料低。在欧洲，煤炭和天然气发电的成本约为 60 美元 / 兆瓦时，而 2020 年，新建陆上风电场的平均发电成本低至 40 美元 / 兆瓦时，太阳能发电的平均成本则为 35 美元 / 兆瓦时。

因此，可再生能源越来越有吸引力，更多装机正在建设中。

2020 年，全球风力发电量高达 1590 太瓦时。太阳能光伏发电正在迅速赶上，从 2010 年到 2020 年的十年间增长了约 25 倍，从 32 太瓦时增长到了 820 太瓦时。

现在，太阳能和风能加起来占全球能源消耗的 2% 左右，而十年前还不到 0.25%。虽然这个数字并不高，但增长速度十分喜人，这是我们实现脱碳目标的基础。我们不必再为争取经济增长和环境保护之间的平衡而苦苦挣扎，可以实现"鱼与熊掌兼得"。

不过，很多人会问，既然可再生电力如此成功，我们到底为什么还需要氢能？一想到要在屋顶上安装太阳能电池板，或者在墙上给电动汽车充电，我就会感到非常欣慰。只要我的邻居同意，我甚至可以亲自动手帮他们安装。尽管人们普遍认为，我们只要继续做我们正在做的事情就好了，只是需要做得更多一点更快一些，但事实是，靠可再生电力本身是不够的，我们还需要一个"伙伴"，这就是氢能。

氢 能 革 命

———

第 **5** 章

可再生能源的起起落落

可再生能源的崛起是一个好消息，但我们没办法用清洁电力来做所有
的事情。太阳能和风能并不稳定，电池和其他储能系统的容量也十分有限，
特别是在面对季节性的能源需求时，光靠这些根本不够。而且在一些工业和
长距离运输中，直接电气化也是行不通的。可再生能源需要一个"伙伴"。

我非常看好可再生能源，而且相信我们可以直接将大量的能源消费电
气化，在一个净零经济中实现占比从现在的 20% 到 50%、60% 甚至70%
的转变。但我们不能把电气化应用到所有场景。电力的瞬时性、储存和运
输的困难以及可再生能源的不稳定性，所有这些因素使 100% 的电气化难
以实现。

不适用性

第一个问题就是电力在某些行业并不适用，也就是我们说的"减排
难"的行业。如果我们不能实现这些行业的减排，就不能实现"净零"。

一个原因是，以电力形式储存能量，存在一些困难。锂离子电池已经进步了很多：现在，锂离子电池可以重复充电数百次，而且能量密度比其他电池更高，但单位重量仍无法储存太多能量。一千克汽油可以储存 13 千瓦时的能量，而一千克锂离子电池储能却不足 0.3 千瓦时。这意味着，对于能量密度要求高的行业来说，电力并不是一个最佳选择。试想一下长途飞行，如果飞机上装了很多重电池，就无法起飞了。在海运方面，电池也没什么竞争力。虽然对于短途运输来说，电池驱动的卡车看起来具备相当的竞争力，但对于长途运输来说，电池会占用很多空间也会增加重量，而且快速充电仍未普及，所以很难被广泛使用。

而对于炼钢等重工业，电气化几乎是不可能的。这并不是因为技术不成熟，也不是因为缺乏政治或商业意愿，而是因为基础物理的限制。如果你从事化学工业，你可以使用化石燃料来合成化工材料，而无法从电流中"变"出分子。还有一些行业需要高热量，而用电力提供这种热量，成本过高。你可以用电力加热物体周围的介质（通常是空气）间接地加热它，比如用烤箱烤一只鸡，但在高温下，这种间接的方法效率很低。其他直接加热产品的方法，如微波和感应加热，也都很难达到很高的温度。

总体而言，"减排难"行业，包括重型公路运输、重工业、航运和航空，占目前能源相关排放的约三分之一。

阳光的长距离旅行

另一个问题是，电力的长距离运输难以实现。

我们今天使用的电网是从上个世纪"继承"下来的。高压交流电

氢能革命

（HVAC）通过远离人群的电缆进行长距离传输，这些电缆要么在电塔上，要么在地下，但是由于成本较高，地下电缆的使用率不高。在每个街区的变电站里，这些电力被输送到更小、更低电压的线路上。最后，变压器将电压降至适合家用电器的水平。

电从发电站到每个家庭的传输过程中会有高达 8% 的能量损耗。如果你离高压电线很近，你就能听到这种由损耗产生的嘶嘶声和噼啪声。除此之外，你还可以看到，当金属电缆变热时，它们会膨胀松弛，中间开始下垂。这大约占能量损耗的 1/4，其余的 3/4 则悄无声息地在输往家庭的低压线路上损失了。[1]

这些损耗使得人们尽量避免把电力输送到很远的地方。在意大利，人们离最近的发电站平均 25 公里。相比之下，人们离主要天然气供应商则大约有 1000 公里，因为天然气管道传输的损耗很低。同样的道理也适用于煤炭和石油，一般来说，它们通过轮船运输数千公里没什么问题。

然而，在未来，我们可能需要到更远的地方寻求可再生能源的供应，以满足需求，特别是在本地土地有限，或难以在规定时间内达到所需可再生能源生产规模的情况下。同时，大家都想去生产成本便宜的地方生产可再生能源。所以人们萌生了一个有趣的想法：进口可再生能源。但问题是，我们要怎样操作呢？正如我们所见，高压交流电会在传输过程中损耗大量能量。我们倒是也可以使用高压直流电，它的能量损耗要低一些，可能更适合长途传输，但比起通过管道传输的天然气，这两种方式还是过于昂贵。在很多情况下，这两种方式可能是让可再生能源进入汽车或家庭照明系统的最好选择。但是，在其他场景中，情况却并非如此。

总的来说，长距离电力传输存在困难，所以我们通常更愿意把风力发电场和太阳能电池板放在电力需求点附近，也就是在几百公里以内。可是，这很可能既不切实际，又极其低效。北欧的阳光并不充足，所以位于斯德哥尔摩的太阳能电池板产生的电量要比在撒哈拉沙漠的少得多。如果我们试图用难以运输的可再生能源来降低世界的碳排放，将可能会创造出许多能源成本不同的独立市场。这样一来，那些在全球市场竞争中能源成本相对较高的国家，可能会更加艰难。

来得容易，去得快

太阳能和风能发电是间歇性的，完全取决于天气环境。阳光晚上就没了，而且也总会有没有风的时候。在德国会有一些既没太阳又没风的天气，几乎没有可再生能源可用，德国人管这种情况叫"Dunkelflaute"，就是黑暗无风的意思。如果这种情况发生在冬天人们需要供暖的时候，情况就会变得更糟。强风可以产生更多的风能，但是当风的时速达到90公里时，为了安全和减少磨损，许多涡轮机会停机，发电量会骤降。

电网必须始终保持供需平衡，这与电的性质有关。只有当你用发电机、电池或其他能在电线两端产生电压的装置"推动"电子时，电线中才会有电流。一旦你停止"用力"，电流也就停止了。因此，客户对电力的即时需求必须立即得到满足，否则就会出现电力不足的现象。而一旦电力不足，电压就会骤降，会对使用同一条电力线供电的每一个用户造成严重的影响。因此，可再生能源的间歇性对电网安全运行来说是一个挑战。电网必须时刻保持供需平衡的特性，这与天然气网形成了鲜明对比。天然气被注入管道后，人们可以通过改变压力将其变得更紧密或膨胀，这意味着

氢能革命

人们可以随时进行调节来满足需求波动，而无须借助额外的电站或储能。所以，保持电力系统的平衡就像走钢索一样难，而保持天然气网的平衡却像在公园里散步一样简单。

如何才能解决电网供需失衡问题？

在较短的时间周期内，电网能够自己保持平衡。发电站使用每分钟旋转 3600 次的大型、重型轮机发电。所有这些快速旋转的重金属就像一个巨大的飞轮，储存着能量并能稳定电网大约 15 秒。

如果超过这个时间，其他资源就会介入。这就是所谓的可调度电力。燃气发电站可以在几分钟内提升功率，以满足需求。像挪威或阿尔卑斯山那样拥有大量灵活的水力发电厂的地方，能够按需发电，那就不需要太多可调配的天然气。但在其他地方，天然气尤为重要。

不过，通过燃气发电站的调度实现电网平衡也并不理想。让天然气和其他化石燃料发电厂来回增减功率，既浪费钱又产生碳排放。发电厂必须以部分功率运行，而不是始终保持满额的状态。如果这些备用电厂不经常运行，它们的所有者可能就会关闭它们。但这是行不通的，因为尽管这些设施不会经常提供电力，但当我们需要它们时，它们可以派上用场；如果没有他们，我们将面临停电的风险。因此，支付燃气发电厂费用以备不时之需通常是整个供电系统的责任，不过最终也会由消费者买单。

大量可再生能源同时发电，特别是如果再遇上需求下降，可能会导致电价下跌，到时候发电企业可能反而得向客户付钱，让他们用电。在2020 年新冠肺炎疫情期间，我们看到了很多这样的情况：企业的能源需求大幅下降，其幅度远远超过了家庭能源消费的增长。仅在德国，就有大约 300 小时（几乎整整两周）的电价为负值。显然，这是生产者而不是消费者面临的问题。但这对整个供电系统来说也是挑战，因为如果发电行业的投资者难以获得回报，就不会继续投资，发电亏损最终会导致供应受限。

当然，相反的情景反而更令人担忧。试想一下，如果在一个无风的阴天，电力需求突然上升，会发生什么？如今，电网运营商可以要求燃气发电厂来填补这一空缺，但已经有好几次触碰到了限值。2021 年 1 月，英国出现电力短缺，诺丁汉郡的燃气发电站 West Burton B 以 4000 英镑 / 兆瓦时的价格出售其电力，这是正常批发价的 100 倍。2020 年，英国的平衡成本为 18 亿英镑，这是系统运营商为改变风力和天然气公司的发电水平以保护电力系统而支付的所有成本。[2]

由于气候变化，极端天气预计会增多，这可能会导致一些特殊问题。2021 年 2 月，美国得克萨斯州发生极地涡旋，引发了一场典型的供需风暴。30 多年来从未出现过的极端低温导致了能源需求的大幅增长。与此同时，由于天气寒冷，风力涡轮机被迫停工，40% 的化石燃料装机也无法使用，因为要么是发电厂被冻结，要么是天然气生产设施被冻结。结果是电力价格飙升，达到了 9000 美元 / 兆瓦时的行政上限。一系列停电导致 34% 的用户（430 万户家庭）电力供应受限或中断。

虽然主要原因不是可再生能源的间歇性供应，但得州的灾难凸显了电网的脆弱性。我在意大利国家电力公司 Enel 工作时也亲身经历过类似的事情，当时该公司是电力系统运营商 Terna 的所有者。2003 年 9 月 28 日，我醒来发现我的手机上有 15 个未接电话。几个小时前，一条往意大利输电的电缆被附近的一棵树压坏了。突然，整个意大利都陷入了黑暗。时间一小时一小时地过去，我们不断地从医院等公用设施收到求救信号，这让我明白了人类对电力的依赖程度，以及千万不要完全依赖电网。如果

氢能革命

哪天又有一棵树压到了输电线，我们可不想派人开着电动车去解决问题。在意大利停电的那天，我们还有另一个担忧，那就是这是否会影响天然气系统的运行。谢天谢地，答案是否定的。我在埃尼（ENI）集团（当时是天然气管网运营商斯纳姆的所有者）的同行向我保证，天然气网有一个完整的系统作为备用。

在发展中国家，停电和限电更为常见。世界银行估计，这些问题每年造成的损失超过 1500 亿美元。[3] 与此同时，在一个日益互联的世界里，停限电的影响只会越来越大。不管你承不承认，我们现在确实十分依赖互联网和通信系统，所以即便是网络短暂中断，都会让我们坐立难安。

所以，即使太阳能和风能的占比较少，而且还可以把化石燃料发电厂作为后备的当下，其间歇性特点还是给供电带来了极大的挑战。现在，在欧洲，大约 32% 的电力来自可再生能源，而电力只占总能源消耗的 20% 左右。如果以后我们实现完全脱碳，不能用化石燃料来解决供电间歇性的问题，将会发生什么？可能会带来严重的灾难。因此，我们需要改变传输、储存和使用电力的方式，但这还是不够。

我们可以从扩展电网开始。世界之大，总有地方是晴天或刮风，而且某个地方的需求高峰可能是另一个地方的需求低谷，所以一个互联程度高的巨大电网能够更好地平衡需求。正如英国国家电网的 CEO 约翰·佩蒂格鲁（John Pettigrew）所说的那样，"电网越大，相互联系越紧密，电网就越稳定。"[4]

但就算我们有了这么一张大网，也还是需要储存大量的能量。传统的解决方案就是水。在需求较低的时候，多余的电力可以把水从地势较低的水库抽到较高的水库；然后，当我们需要额外电力时，我们就可以把水从更高的水库放出来，利用其重力势能推动涡轮机。抽水蓄能系统反应灵敏，按下按钮后 15 秒就能发电，而且效率在 70%~80% 之间。2020 年，抽水蓄能约占全球电储能容量的 95%，但这仍然非常不足。目前，抽水蓄能工程在全球范围内储存的电量达到 9 太瓦时，却仅占总发电量 27000 太瓦时的 0.03%。

下游水库不需要建在特别的地方，甚至可以建在海洋。1999 年，日本冲绳岛就有一个抽水蓄能机组将相关海域当作下游水库。与此同时，在荷兰，人们计划把海洋作为上游水库，这是因为荷兰的大部分地区海拔都低于海平面。

大多数抽水蓄能项目都将山区湖泊选作上游水库的位置，而这样的地方实在是不多。就算有，想要在这样的地方建水库也很难，因为抽水蓄能工程和风光秀丽的地方实在不搭。而且，地方政府也要依赖这片水或土地来获益，所以即使企业获得了当地政府的许可，水库的建设成本也不会太低。

另一个解决间歇性问题的方案就是电池。电池储能的主要问题是电池的价格，以及人们能从中得到多少效益。

2020 年，锂离子电池储能技术的成本已降至约 120 美元 / 兆瓦时，比以前降幅巨大，但仍是地下储气库储气成本（6 美元 / 兆瓦时）的 20 倍左右。储能给太阳能发电增加了巨大的额外成本。如前文所述，太阳能发电成本目前最低已经降至 10.4 美元 / 兆瓦时，欧洲地区平均成本约为 35 美元 / 兆瓦时。增加的这部分成本被称为"消纳成本"，它反映了用于解决可再生能源发电间歇性的成本。对于太阳能和风能来说，消纳成本经常被

氢能革命

加到生产成本中，以便与化石燃料发电进行真实的比较。虽然化石燃料发电成本更高，但却不需要这些额外的电池用于储能，因为你可以根据需求将其启动或关停。消纳成本随着可再生能源发电的比例而上升。当你试图把太阳能和风能渗透率为 80% 的电网转变为 100% 时，消纳成本将会成为天文数字。

在这样的价格下，太阳能和电池的组合显然比燃气发电更贵，一个是 185 美元 / 兆瓦时，一个是 60 美元 / 兆瓦时。但它可能是最好的"零碳"选择。事实上，已经有一些综合电站在建了。2017 年，在一系列严重的风暴导致电网崩溃后，特斯拉赢得了建设 100 兆瓦 /129 兆瓦时电池储能项目的竞标，以提高南澳电网的稳定性。南加州爱迪生电力公司（Edison）也将于 2021 年在加州长滩开展 100 兆瓦 /400 兆瓦时储能系统的运营。

然而，储存电能成本达到 120 美元 / 兆瓦时的前提是，我们每天都依靠电池供电，这样就把电池的成本平摊到大量电能上。我们使用电池的次数越少，每兆瓦时的存储成本就增加得越多。此外，电池还有其他缺点。首先，制造（锂）电池的主要材料是金属，而如今，这些金属只能在部分地区进行开采和加工。最重要的是，在干旱地区，锂矿开采需要大量的水，这可能导致土壤和河流污染。而且，电池很难被妥善回收，可能最终被扔进了垃圾填埋场而不是被回收，这反而会导致更多的污染。

如果我们现在能给全世界的汽车（大概是十亿辆）免费换上电池，也能起到储能的作用。目前看来，最终大多数汽车应该都会电动化。我们能把多余的电力储存在这些汽车的电池里吗？参与了许多创新清洁能源项目的英国章鱼能源公司（Octopus Energy）最近正在进行车辆入网试验。参与者可租用一辆全新的日产聆风（Nissan Leaf）汽车，并在家中配备一个特殊的充电器。有了这个充电器，他们的汽车既可以在电力需求不多的时候从电网中获取电力，又可以在电力供应紧张的时候出售电力，这一过程通过章鱼公司和一家名为 Engie EV Solutions 的公司共同开发的应用程序即可实现。当时该公司（后者）的董事长为气候专家兼作家克里斯·古道尔（Chris Goodall）。虽然这个想法还不成熟，但值得进一步研究。

除了上述技术，创新性的储能方式不断出现。在地势平坦、无法建设抽水蓄能工程的地方，我们可以把空气压缩并泵入一个洞穴来储存能量；或利用液压抽水蓄能，用水压吊起重物。我们还可以通过举起其他的重物，利用重力势能来储能。瑞士初创企业 Energy Vault 设计了一种六臂起重机，在电力充足时可以将水泥块吊起并堆叠起来；而在需要电力时，则可以将水泥块降下，通过向下运动发电。该项目获得了埃尼"改变世界的创意奖"⊖。电能也可以以热量的形式储存在水箱、基岩或熔盐中。对于夏天制冷，空调系统也可以在夜间制造冰，然后在白天用冰来给建筑物降温，实现能量储存。但这些技术目前也并不成熟。

我们还可以通过需求响应获得用户的支持。当能源供应短缺时，人们可以推迟一些能源的使用，比如等到电网中有大量可用的可再生能源时再使用洗衣机。考虑到惰性是人类的一种天性，我不认为在没有技术帮助的情况下，客户会自发地改变自己的行为。我们需要透明的能源定价和智能电表来选择最佳的用电时间。尽管这可能是"拼图"中有用的一块，但它不会改变我们需要大量电力储存来应对可再生能源发电间歇性问题的事

⊖ 埃尼奖是由意大利跨国石油天然气巨头埃尼集团于 2007 年正式设立的奖项，被誉为国际能源界的诺贝尔奖。——编者注

实，而这些储能都将增加可再生能源的成本。

即使我们扩大电网规模，建设储能设施，也还是不够。我们仍然需要可调度的电力来应对罕见事件，比如 2021 年的得克萨斯冬季风暴。但如果大量电池平时闲置，直到紧急情况需要时才使用，成本会高得离谱。

无用安慰

尽管已经讨论了这么多，但这些都不太可能解决冬季供暖高昂的成本和储能需求。冬天的时候，太阳光并不充足，能源需求却非常高。在欧洲的中纬度地区，夏天的太阳辐射量是冬天的 2~5 倍，风受季节的影响相对好一点。我们在冬天会大幅度增加能源使用，主要是为了取暖。在许多温带地区，夏季和冬季的燃料消耗相差大约三倍。

跟可再生能源发电存在的间歇性问题类似，当前来看这都不算什么问题，因为可再生能源的季节性波动可以由化石燃料发电来平衡，而能源需求的季节性波动也可以"求助"地下存储的大量天然气。

但能源需求的季节性问题是全面电气化的一个巨大障碍。在不同季节平衡电网所需的巨大能量无法用电池解决，因为其成本将极其高昂。欧洲每年用于供暖和制冷的能源消耗量约为 5300 太瓦时，其中大部分消耗是冬季供暖。

在讨论供电间歇性的时候我们发现，如果一年充放电超过 300 次，利用电池储能的成本大约是 120 美元 / 兆瓦时。如果你想在 7 月储存能量，12 月释放能量——一年只需要一个周期，这意味着从电池中释放电力的成本可能是上述数字的数百倍。电池无法成为良好的解决方案，抽水蓄能也不行，因为没有足够的山区湖泊来满足那么大的需求。

那如果我们放弃储存能量，而通过增加可再生能源的生产能力来满足冬季能源需求高峰，是否可行呢？当然不行，因为这样的话，夏季可再生能源发电严重过剩，这也是对资金和土地的浪费。

目前的电网也承受不起用电量的季节性需求。在欧洲，能源需求随着冬季气温下降逐渐达到顶峰。即使在不那么冷的地方，如英国，冬季高峰时的能源需求也是电网容量的好几倍。目前，所有这些额外的能源都是由天然气网输送的，而天然气网在设计之初就考虑到了峰值需求，并能及时保障。事实上，在欧洲，冬季天然气网的峰值需求是电力需求的 4 倍多：天然气需求量是 2500 吉瓦，而电力是 590 吉瓦。[5] 如果所有能源都必须以电力的形式输送，那将需要对电网进行大规模升级。但是这样一来，我们就浪费了一项非常好的天然气网资产，而消费者已经为此买过单了。

因此，我对实现全面电气化供暖不抱任何希望。当然，并不是所有地方都不可能。像澳大利亚和美国加利福尼亚州这样的地方可以依靠可再生能源电力，因为全年的天气都相当稳定，而且能源需求方面也没有剧烈的变化。在这种情况下，局部的全面电气化供暖就比较可行。我曾在美国东海岸、英国和意大利北部生活，这些地方的气候就不那么宜人了，需要某种方式来尽可能多地储存多余能源。

在过去几年中，完全用绿色电力驱动经济的想法遭到了不少质疑，净零目标迫使我们思考如何面对全面电气化供暖带来的所有挑战。但可再生能源的革命仍是一个巨大的进步，因为它为完全脱碳创造了条件。除了电，我们还需要别的东西。

这种东西应该可以从夏天获得多余的太阳能并储存起来以备冬天之

需，并在需要时提供可调度电力。这种东西应该像天然气一样可以远距离运输，让地区和季节都不再是问题，并可以支撑我们去资源条件最好、空间最广阔的地方开发可再生能源，比如沙漠的阳光和海上的风。这种东西应该可以通过现有的丰富的天然气基础设施来运输，而无需对电网进行大规模升级。这种东西应该可以帮助那些需要不同类型能源的"脱碳难"行业进行脱碳。

那么，这种东西是什么呢？是分子。

与导线中的电子相比，分子可以在液体（如石油）、固体（如一块木头或一块煤）甚至气体中储存能量，而且可以储存长达数百万年。在有需求时，它也可以立即提供能量。因此，分子非常适合长距离运输、长时间的季节性储存和间歇性供需平衡调节。当然，在完全脱碳的世界里，我们不能再使用石油、天然气或煤炭。

所以，我们需要一种"合适"的分子。

脱碳过程中缺失的一环，就是能量耦合介质。这一介质能够跨越电子和分子之间的障碍，将不同的能源体系耦合在一起，为不断增长的全球人口提供充足的清洁能源，并在各个地区平衡可再生能源的成本，创造一个更公平的全球经济环境和更公平的能源转型方式。

下面，让我们来仔细看看可以充当这个介质的简单分子，也就是，氢。

2

第二部分

氢能使用指南

第 6 章　了解"氢"

第 7 章　奇思妙想：氢能的早期使用

第 8 章　石油的诱惑

第 9 章　氢气彩虹：制取方法

第 10 章　氢气运输

第 11 章　氢气使用

氢能

The Hydrogen Revolution

革命

氢能革命

第 6 章

了解"氢"

氢是宇宙中最简单、含量最高的元素，一直被认为有希望作为能量载体。早期实验揭示了它巨大的潜在能量，以及与电之间存在重要而密切的关系。虽然这两种特性都激发了科学界的热情，但仍未能促使人类将其视作"能源连接器"。

有关氢的故事可以追溯到 138 亿年前，那时宇宙刚诞生，温度极高。在最初的 38 万年里，太空中充满了被称为等离子体的热粒子，由松散的电子、质子以及一些较重的原子核（质子和中子的组合）组成。慢慢地，温度下降到电子可以与质子结合形成氢原子的程度。从那个原始熔炉中产生的氢比其他任何元素都要多，即使在今天，氢元素仍然主宰着宇宙[⊖]。

氢是恒星的主要成分，还有一些氢以一层层薄雾的形态散布在星际间。有时，在巨大的星际气体云中，氢会以我们熟知的形式——由两个

⊖ 当然，除了氢，宇宙中还有天文学家称之为"暗物质"和"暗能量"的神秘现象，只不过它们不会形成像行星和人这样有趣的东西。

氢能革命

氢原子组成的氢分子（H_2）出现。

氢原子是最简单的原子，只有一个电子环绕着一个质子。这个简单的结构是氢原子所有既奇妙又麻烦的特性的来源。早在我们知道氢的起源或内在本质之前，它作为"能源连接器"的潜力就已经崭露了。

我们对氢的了解始于 16 世纪瑞士化学家西奥菲拉斯特·邦博斯特·冯·霍恩海姆（Theophrastus Bombastus von Hohenheim）的实验。他非常擅长自我推销，"浮夸"（bombastic）这个词就源于他的名字。他更为我们熟知的是他的假名帕拉塞尔苏斯（Paracelsus）。他发现铁可以溶解在硫酸中，并释放出一种神秘的气体⊖。后来，西奥多·蒂尔凯·德·迈耶尔（Théodore Turquet de Mayerne）重复了这个实验，发现这种神秘的气体可以燃烧。

1766 年，亨利·卡文迪什（Henry Cavendish）在伦敦的私人实验室里利用相似的反应过程收集到了这种气体，只不过他用的是盐酸和锌。有一段时间，他沉迷于把这些气体点燃，觉得很好玩儿。但是，他也注意到，燃烧这种气体会产生一种意想不到的副产物：水。1781 年，他提出了一个现在众所周知的结论，那就是：水不是一种元素，而是由两种元素组成的化合物。法国化学家安托万·拉瓦锡（Antoine Lavoisier）给这些元素起了它们现在的名字——氢和氧，其中氢的意思是"成水元素"，这开创了现代化学时代。可惜的是，科学天才拉瓦锡后来死于法国大革命，堪称现代科学史上的重大损失。

现在，我们对氢有了更深的了解：氢的唯一电子很容易被其他元素俘

⊖ 我们现在知道，铁与硫酸反应，会生成硫化铁和氢气：$Fe + H_2SO_4 \rightarrow FeSO_4 + H_2 \uparrow$。

获，形成新的物质，比如水。在那些让卡文迪什兴奋不已的燃烧实验中，氢原子与氧原子结合形成水，同时释放出大量能量。

德·迈耶尔、卡文迪什和拉瓦锡都被氢的可燃性所吸引，暗示了氢巨大的能量潜力。拉瓦锡和皮埃尔－西蒙·拉普拉斯测量了氢被点燃时释放的能量，证实了这一点。他们的实验结果超出了预期。事实证明，燃烧1千克氢气所释放的能量足以让一辆普通汽车行驶90公里，或者为一个普通家庭提供两天的供暖。

很快，氢与电的密切关系初现端倪，而后者正是今天绿色未来愿景的核心。1792年的一个星期天，在科莫湖边，发明家亚历山德罗·伏特（Alessandro Volta）把两块不同元素的金属板用浸有盐水的纸或布隔开，产生了电流。这个被后世称为"伏打电堆"的装置就是第一块电池⊖。就在伏特发表相关发现的六周后，两位英国科学家威廉·尼克尔森（William Nicholson）和安东尼·卡莱尔（Anthony Carlisle）也进行了相关实验，尽管这个实验在历史书上的报道不多，但却十分重要。1800年，这对夫妇开始改进伏特的设计，将电线连接到伏打电堆的两侧，然后将它们浸入一个盛水的容器中。水下的电线附近出现了气泡，这表明电流把水分解成了相关气体。事实上，他们发明了电解槽，使我们通过可再生能源

⊖ 伏特这一启发性的发现有着相当"哥特式"的历史。从18世纪80年代到90年代初，研究人员似乎一直认为，动物生命是由一种新发现的生命源驱动的，而这种生命源被称为"动物电"。这是意大利博洛尼亚出生的内科医生路易吉·伽伐尼（Luigi Galvani）提出的一个概念，用来解释他和妻子露西亚（Lucia）在1780年的一项发现。他们发现，当被电火花击中时，死青蛙腿上的肌肉会抽搐。伽伐尼的结论是：动物体内本来就带电，也就是"动物电"。起初，人们认为动物电和金属电是有区别的，但不久之后发现其实区别不大。伏特在自己的舌头上放置不同材质的金属片，并将其用导线连接起来来感受电流，证明了电流可以通过生物组织在两种金属之间流动。

氢能革命

生产氢气成为可能。

关于电解的第一个真正可靠的解释来自德国化学家约翰·威廉·里特（Johann Wilhelm Ritter），作为一个独立且思维活跃的科学家，他与歌德（Goethe）和亚历山大·冯·洪堡（Alexander von Humboldt）都交流密切。

里特把前人的实验进行了简化：拿一个容器装满水，再把两根不同材质的金属条浸入水中。把金属条的干燥部分连接到电池上，两个电极就做成了。电池的电压会促使在每个电极发生化学反应。在正极，水分子分解，产生氧气（O_2），释放质子和电子（e^-）。电子被正极吸入，氧分子形成氧气。而质子在液体中游离，在负极上得到电子，形成氢气（H_2）。然后，里特把两个装满水的玻璃容器倒置在每个电极上，观察气泡在每个电极上产生，气体逐渐排出容器中的水并将容器填满。

许多电解槽都有一个重要元件，那就是隔膜。但里特认为他不需要，或者是他没想到。隔膜不会中断流经水中的电流，但确实可以防止氧气泡和氢气泡相遇并产生反应，或者说爆炸。

另外值得注意的是，纯水的导电性不好。所以，我们需要加入另一种化学物质，作为电解质来进行电解——盐或少量硫酸等都可以用来提高电解速度。

尼克尔森和卡莱尔发明了电解槽后不久，就有人试图利用电解槽进行逆反应。当时的想法是，电解槽反过来也应该可以发生反应，即我们现在的燃料电池。氢原子从阳极进入，然后因为化学反应失去电子。带正电荷的质子穿过薄膜到达阴极，带负电荷的电子则通过电路与质子相遇。最后，电子与质子以及来自空气中的氧气结合，产生燃料电池的副产物：水和热量。

第一个燃料电池的发明者是德裔瑞士化学家克里斯蒂安·弗里德里希·尚贝（Christian Friedrich Schönbein）和威尔士法官威廉·格罗夫爵士（Sir William Grove），他们做出了同样的贡献，两人都通过类似的实验得出了相同的发现。格罗夫的第二种电池发明于 1839 年，是现代燃料电池的先驱。他把两个铂电极的一端浸入盛有硫酸溶液的容器中，另一端分别密封在单独的容器中，一个装氧气，另一个装氢气。随后电流便立即在两个电极之间流动。[1]

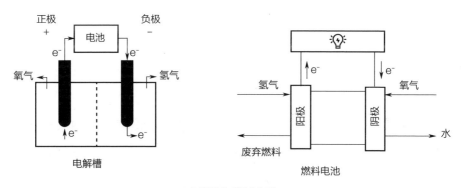

电解槽和燃料电池

有了这项发明之后，氢气立刻成了很多作家笔下的未来燃料。在 1874 年的小说《神秘岛》（*The Mysterious Island*）中，儒勒·凡尔纳设想："总有一天水可以被电解为氢和氧，并用作燃料，而构成水的氢和氧……将会成为供暖和照明的无尽能源。"

不久之后，一个梦想家试图实现儒勒·凡尔纳的设想。保罗·拉·库尔是 19 世纪 70 年代的一位丹麦发明家，从事电报工作，之后将注意力转向教育行业。尽管当时重工业兴起，城市扩张，但他却特别关注从农村

氢能革命

长大的年轻人。拉·库尔认为，为了生存，应该推动农村实现现代化。为此，农民必须获得两样在城市才能充分享有的权益：教育和充足的能源。

拉·库尔采取措施同时解决了这两种需求。他通过教育工作和一些积极的政治手段，培养了一批农村本地工程师。他想让丹麦的农村独立于城市，实现自给自足。

拉·库尔首先对风能产生了兴趣。随着工业革命席卷欧洲，如果丹麦想要与邻国竞争，就需要一个可靠的能源来源。这个国家缺煤，但有充足的风能。荷兰人很早就相当有远见地对风能产生了兴趣，他们试图通过风车发电，但都因为以下两个问题而夭折了。首先，传统的荷兰风车发电效率低得令人绝望，而且没人知道怎么样进行改进；其次，电在产生后必须被立刻用掉，风一停，电就没了。人们需要一些可以储存电能的方法，但那时，电池贵得不可思议。

拉·库尔反复思考了这两个问题。他对经典风车进行了重新设计，采用新风帆来带动发电机发电。为了解决第二个问题，也就是如何储存风车产生的电能，拉·库尔将丹麦阿斯科乌镇附近的一个旧水磨坊改造成了一个风车，并利用产生的电能通过电解水生产氢。在与意大利物理学家蓬佩奥·加鲁蒂（Pompeo Garuti）的合作中，拉·库尔向储罐中注入了氢和氧，并将氢直接用作燃料。这可不是什么小进步，由此，氢的产量达到了每小时 1000 升。

从 1895 年到 1902 年，拉·库尔的"风车"持续为他任教的阿斯科乌民众高等学校供电，而且由于氢罐中储存了 12 立方米的氢，阿斯科乌从来没有过供电中断的情况。1902 年，阿斯科乌的风车成为发电厂雏形，服务了整个村庄，直到 1958 年才被电池和汽油发动机取代。

所以一个多世纪前，人们就已经证明了氢所具有的实力。我们那时候就知道一千克的氢竟然可以容纳如此巨大的能量。我们已经有了基本的工具，可以根据需要将闲置的电力转化为氢气。但是，早在1902年就有一个丹麦村庄已经较好地利用了氢能，为什么直到现在氢能都还没能普及呢？

影响氢能普及的原因有两个。一是氢的密度低，给运输带来了很大困难。二是与方便开采、储量丰富的化石燃料相比，氢很难从地球上其他元素中分离出来。

氢 能 革 命

————

第 7 章

奇思妙想：氢能的早期使用

氢是宇宙中最简单的元素，也是最轻的元素。因此，它比高密度的化石燃料更难储存和运输。在很长一段时间里，我们没有关注氢气的能源潜力，而是利用这种它的绝无仅有的低密度带人升空。但这不是氢的真正使命。

就重量而言，一立方米氢气只有 89 克$^{\ominus}$，就存储空间而言，含有同等能量的氢气体积是汽油的 3000 倍。想要获取氢气太难了，以至于在一个多世纪的时间里，我们选择忽略它的能源潜力，而是集中精力利用它的"轻"属性。

1783 年夏天，孟格菲（Montgolfier）兄弟乘坐第一个热气球升空。那个时候，没有人知道他们的气球为什么能飞上天空。孟格菲兄弟认为，潮湿的干草燃烧产生的烟雾起到了帮助气球升空的作用。兄弟俩是天才的发明家，但不是科学家。

————

$\ominus$　在标准大气压和 0℃下。

拉瓦锡和他那一代的其他人一样，对气球非常着迷。他知道氢气比热空气轻得多，于是他在纸上写下了"气球是被非常轻的氢气带起来"的设想。那时尼克尔森和卡莱尔还没有发明电解槽，所以拉瓦锡需要找到一个方法来分解水。在 1783 年到 1784 年的冬天，他终于找到了一个方法。拉瓦锡与陆军军官让·巴蒂斯特·梅斯尼埃（Jean Baptiste Meusnier）合作，研究出了如何将蒸汽通过铁制加农炮炽热的炮筒产生氢气。

让 - 弗朗索瓦·皮拉特尔·德罗齐埃（Jean-François Pilâtre de Rozier）是一名物理和化学老师。当他发现氢气存在的问题时，他已经在和孟格菲兄弟一起飞行了。控制气球的高度是至关重要的，但当时并没有被认真地解决。德罗齐埃想出了一个主意，即使用一个组合气球：外层的氢气层提供大部分的升力，而热空气内层则可以控制飞行的高度。

1785 年 6 月 15 日，德罗齐埃和他的同伴皮埃尔·罗曼（Pierre Romain）从法国的滨海布洛涅出发，试图飞越英吉利海峡。他们确信他们的设计将给气球带来革命性的变化。大约过了半个小时，气球被吹回到岸边。他们两人的脸上却露出了"惊恐的表情"，拼命想把吊篮中间火盆上的铁栅栏关上，但一切都已经太晚了。"外层大球里面的可燃物质很快就充斥了气囊内的剩余空间，沿着气球颈部管子倾泻下来，迅速地到达了下面的火盆，热气球就这样爆炸了。"[1]

这一爆炸威力巨大，双层气球的设计也被悄然搁置了。直到后来人们发现了一种同样比空气轻的惰性气体——氦气，才重新开始对热气球的探索。尽管发生了爆炸，但当时人们并没有放弃使用氢气。是的，氢是可燃的，但那又怎样呢？依靠柳条吊篮上方火盆里燃烧着的稻草升起的热气球也同样危险。因此，在 150 多年的时间里，发明家和先驱们坚持使用氢气

氢能革命

这种爆炸性气体作为浮力辅助工具。

德国退休军官斐迪南·冯·齐柏林（Ferdinand von Zeppelin）于 1891 年离开军队，开始着手制造一种飞行器。它有一个钢架构，内部灌满氢气，被称为齐柏林飞艇。在斐迪南伯爵的笔记本上，齐柏林飞艇最初的作用是运输邮件。而在第一次世界大战期间，飞艇携带着 2 吨炸弹，以 137 公里 / 时的速度飞行，造成了西欧民众的极大恐慌。飞艇可不是那么容易就能打下来的。氢很轻，消散得非常快。所以，就算一颗普通的子弹可以击穿齐柏林飞艇的气囊，也没有机会点燃氢气。为了消除空中的威胁，英国不得不研制出特殊的爆炸子弹。

齐柏林飞艇在战后的和平时期被用于极地探险和环球航行。兴登堡号（LZ-129）和她的姐妹号齐柏林伯爵 II 号（LZ-130）开启了大西洋两岸定期商业航空旅行的先河。

安全是它们最大的卖点：齐柏林飞艇共飞行了 160 多万公里，未造成任何人员死亡，这是当时任何飞机都无法匹敌的纪录。但是对于恶劣天气，飞艇却束手无策，与天气有关的飞艇事故也持续增多。1937 年 5 月 6 日，当兴登堡号正准备在美国新泽西州莱克赫斯特海军航空站的系泊桅杆处着陆时，突然起火燃烧并坠毁在地。事故中飞艇上有 97 人，其中 33 人因从飞艇上跳下来或掉下来而摔死，2 人死于织物和柴油燃烧，还有 1 名地勤人员被发动机砸死。

对于爆炸是否由氢气引起仍然存在争议，但在某种程度上已经无关紧要了，因为兴登堡号确实已经坠毁了。随后，无数影片对这一恐怖场景进行了重现，当时现场也进行了惊心动魄的广播直播，飞艇作为载人工具进行洲际飞行的时代就此结束。这一悲剧还让人们把氢气和烈火地狱联系到了一起，在很大程度上，这是一种毫无根据的危险感知，我们将在第 20 章中讨论。

将氢气用于气球飞行最终被证明是一条不成功的弯路。氢气的主要卖点是其巨大的能源潜力，而不是轻便的重量。然而，我们花了很长时间才回到这点上来，主要是因为氢气一直无法与丰富而廉价的化石燃料竞争。

氢 能 革 命

————

第 **8** 章

石油的诱惑

在地球上，氢元素被"锁"在其他分子中，而化石燃料却可以轻易获得。所以，氢气很难与化石燃料竞争。但二者之间的竞争并不公平，因为煤炭、石油和天然气的隐性成本并没有被考虑在内。如果人们能正确地认识到化石燃料的全部成本，就能明白将氢从分子束缚中解放出来的重要性。

除了难以运输，跟化石燃料相比，氢气还有一个缺点，那就是你不能直接把它挖出来烧掉。在地球上，你很少能找到单质形态的氢，因为地球上有很多其他元素，而氢总是会迫不及待地用自己活泼的外层孤电子"抓住"它们。所以我们发现，氢元素总是和其他元素结合在一起。

大部分氢都存在于水（H_2O）中，而水覆盖了地球表面 71% 的面积。我们体内 60% 的原子也都是氢原子。它与碳一起存在于大多数有机化合物中，如日常中的碳水化合物和由远古有机物转化的化石燃料。当碳氢这两种元素与氧结合时，就会产生能量。但是碳与氧结合会产生二氧化碳

（CO_2），氢与氧结合就只有水（H_2O）。所以，那些含有更多氢的燃料更清洁。

表4　不同燃料的氢含量

	碳含量	氢含量	每兆瓦时产生的二氧化碳排放量 / 千克
煤炭	>90%	>5%	900
石油	84%~87%	11%~13%	565
天然气	75%	25%	365
氢气	0	100%	0

氢也喜欢和自己成键。在化学反应中，氢通常不是单独的原子，而是表现为由成对的原子组成的氢气——H_2。这是世界上最轻的分子，正因为如此，它移动得很快。在上层大气中，一个氢分子可以达到逃逸速度而跑到太空中，这意味着大气层中也基本上没有氢。

想要得到氢气，就得破坏氢原子与其他原子之间的化学键，这需要的能量至少和氢气燃烧时产生的能量一样多。在很长一段时间内，这就足以让氢能在能源市场上处于边缘地位。如果我们可以直接用电，那么我们用电力把氢从水里释放出来的意义是什么呢？如果不能直接用电，但需要一种便携又高密度的燃料，也有很多现成的化石燃料可供选择。这些是数百万年前植物和动物将太阳能量储存在体内的产物。这些有机物质被埋在地下，在高温和高压的作用下慢慢转化为煤、石油和天然气。人类会利用这些燃料，这不足为奇。除了开采时的成本，化石燃料简直是一种免费资源。

但有两件事需要注意。

氢能革命

首先，化石燃料储量有限，一旦用完就没了。因此，如果我们不加考虑地烧掉它们，我们实际上就像是在变卖家里的银器，而不是建立一个可持续的能源系统。石油这种资源非常珍贵，从石油中提取出 1 升汽油需要近 25 吨史前埋在地下的植物材料。[1] 现在 1 吨杨木的价格是 90 欧元，按照这个价格，为了生产 1 升汽油，你得先花 2250 欧元，然后等待几百万年，让这些植物材料在高压和高温下慢慢变化。在这种背景下，加油站汽油的价值被严重低估了。或者换句话说，每次我们去看望 20 英里（32 公里）外的奶奶，就用掉了 40 英亩（16 公顷）的植物。这些计算来自普渡大学的生态学家杰弗里·杜克斯（Jeffrey S. Dukes），他说："人们每天使用的化石燃料相当于在陆地和海洋上一整年生长的所有植物物质。"

当然，我们现在知道了，挖出古代的碳并将其燃烧生成二氧化碳排放到大气中并不是一个明智的做法。无论你怎么看，燃烧化石燃料的环境成本都很高。确定二氧化碳价格的一种方法是，考虑你需要对化石燃料施加多少额外成本，才能让最便宜的清洁替代能源变得可行。按照这个计算，你现在看到的二氧化碳价格是 30 美元 / 吨左右，这将使每桶石油的价格上涨 13 美元。这是相当低的，因为我们仍处于脱碳道路的初期，还有很多能轻易实现的目标。随着我们推动"脱碳难"的行业脱碳，到 2050 年，化石燃料的二氧化碳额外成本需要上升到 120~130 美元 / 吨。[2] 还有一种计算二氧化碳成本的方法，那就是看在二氧化碳排放之前或之后捕集二氧化碳的成本。现在，对于一个基荷天然气发电厂来说，碳捕集与封存（CCS）的成本大约是 90 美元 / 吨[3]，而从空气中直接捕集二氧化碳（DAC）的成本大约是 200 美元 / 吨[4]，尽管在 2040 年后，这可能会降至

60 美元 / 吨 [5]。在这个价格下，通过 DAC 技术从空气中直接捕集二氧化碳可能会比采用导致减排成本曲线抬升的其他手段更优，因此 DAC 是一个非常有用的工具。

当然，如果我们不减少碳排放，碳排放的成本将会更高。为应对全球变暖，人们要采取防汛护岸等生态保护措施，这对农业、渔业和林业的成本影响与我们对其他物种和自然界所施加破坏的价值是一样的。在最极端的情况下，这个值可以说是无穷大。一个有关 2020 年碳排放的生态成本模型估算，上述碳排放成本为 160 美元 / 吨，这意味着我们目前每年的碳排放成本超过 6 万亿美元，相当于全球国内生产总值的 8%。该研究最后得出的结论是，我们最具成本效益的途径是到 2050 年实现全球净零排放，并将温度升幅控制在 1.5℃以下。[6]

多年来，人们一直没有重视这些成本，所以才会肆无忌惮地选择煤、石油以及后来的天然气作为首选能源。

我们今天使用的氢气也是由化石燃料制成的，主要是非能源用途，如生产化肥或炼油。我们今天生产的氢 16% 来自煤炭，30% 来自石油。石油虽然是一种相对来说更清洁的能源，但也并没有清洁很多。还有将近一半的氢来自天然气（主要成分是甲烷，CH_4），这个过程叫作蒸汽重整。在这个过程中，天然气和蒸汽混合，然后在高温高压下通过镍催化剂分解成氢、一氧化碳、二氧化碳和水。然后再加入更多蒸汽，另一个催化转换器进而将一氧化碳转化为二氧化碳，只留下水和氢。整个反应过程需要消耗初始天然气量的 1/4。用这种方法每生产 1 吨氢就会产生大约 11 吨的二氧化碳。这在业内被称为"灰氢"，根据国际能源署的数据，生产灰氢的碳排放占全球碳排放的 2.2%。

氢能革命

虽然我们早就知道氢的能源潜力以及它与电力的双向关系，但与化石燃料相比，氢的成本太高，无法投入使用。直到现在，气候变化才迫使我们去思考如何打造一个没有化石燃料的世界。可再生电力将是替代它们的关键，但如上所述，它需要一个伙伴。氢元素的特性使氢气成为不二之选，但显然不是灰氢。值得庆幸的是，我们已经开发出了一整套清洁的方法来制氢。

氢 能 革 命

第 **9** 章

氢气彩虹：制取方法

我们已经找到了很多基本不留下碳足迹的氢制取方法。这些氢"五颜六色"，有绿色的、蓝色的、深绿色的、粉色的，还有绿松石色的。这是一件好事，因为更多的供应源意味着更大的流动性、更强的供应保障和竞争。

与化石燃料不同，氢不能从地下被挖出来，而必须从另一种分子中被强行释放出来。在氢制取方面，我们已经取得了很大的进展。现在，我们有很多方法来制取氢气。为了追踪制氢的所有可能路径，工业界采用了一种颜色编码系统，将这些可能路径分成几大类。

上一章提到的灰氢，是通过蒸汽重整从天然气或煤炭中制取出来的，也是我们现在普遍采用的制氢方法。在这个过程中，大量二氧化碳会被释放到大气中。

如果我们将制取灰氢产生的二氧化碳捕集、利用与封存（CCUS），或捕集与封存（CCS），而不是释放到大气中，那么制取出的氢就是蓝氢。

氢能革命

如果使用可再生能源（主要是可再生电力）来电解水制氢，那么得到的就是绿氢⊖。

由生物质结合碳捕集产生的是深绿氢，在制氢过程中可能会产生负排放。

用核能电解水制成的氢是粉氢。

最后，通过裂解从天然气中得到的氢是绿松石氢。裂解是将某种物质加热（而非燃烧），直至分裂成更简单的物质，又称热解或热裂解。天然气裂解的产物是氢和固体碳。虽然听起来不错，但这一技术仍处于非常早期的阶段。值得注意的是，蓝氢和绿松石氢的碳足迹还包括制取它们所用的天然气在供应链上的泄漏情况。

随着新技术的出现，我非常期待更多"颜色"的氢能能够投入使用。制取不同类型氢能的技术和工具都处于不同的成熟水平，其中，制取绿氢和粉氢的电解槽制造起来并不困难，CCS 也不是什么新技术，但也存在很多挑战，尤其是在经济承受度方面。裂解制氢仍处于实验室阶段，但这项技术非常有潜力，可以允许人们继续使用甲烷而不需要考虑封存二氧化碳。这一技术也适用于废塑料裂解制氢。

不同的既得利益者支持他们自己最喜欢的"颜色"，以期延长他们现有业务的寿命或增加其产品的价值。因此，化石燃料行业相当偏爱蓝氢，可再生电力生产商喜欢绿氢，而核工业更喜欢粉氢。但有时这些竞争导致的是内耗而非进步。

从现在到 2050 年我们最关心的这段时间里，绿氢和蓝氢可能会成为

⊖ 通过生物质蒸汽重整，或固体生物质气化制取的氢，也可以称为绿氢，但这些方法可能不会是主要来源。在本书中，绿氢特指的是"电解＋可再生能源"的情况。

制造清洁氢能的主要方式。我认为绿氢将占据最大的份额，因为它是真正的可再生能源，有一天肯定会非常便宜，而且容易制造。但我也不能把话说得太早，毕竟在一些地方，蓝氢的作用也很重要。

比如，俄罗斯拥有可以持续几个世纪且成本极低的天然气供应，所以联合 CCS 制取蓝氢可能更有意义。蓝氢也可以成为发展绿氢的支撑，因为它可以非常迅速地大规模生产，这有助于鼓励大量消费者转为使用氢能和建设氢能基础设施。随着绿氢的增加，这些客户也可以无缝切换到更好的氢气类型。

多种不同颜色的氢能也意味着更多的竞争者，从而可以从整体上降低价格。如果一个氢源由于某种原因无法供应了，比如绿氢生产因停电中断，人们可以转而使用蓝氢。蓝氢，甚至灰氢（在某些特殊情况下），可以代替各国目前持有的石油"战略储备"[⊖]，提高能源供应安全性。

尽管颜色不同，但氢气在本质上都是一样的。而每个油藏都是独一无二的，会产生不同化学性质的物质。这些物质需要以不同的方式提炼，来生产最终产品，如柴油、汽油、煤油和燃料油。所以跟石油比起来，氢气有一个关键的优势，即氢气的交易容易得多，这可以为市场创造流动性。

但因为不同种类的氢气在化学上无法区分，所以也带来了一些问题。你怎么知道你买的是真正的绿氢，而不是黑市上的灰氢？毕竟，绿氢的制作成本更高，价值也更高。所以，我们需要制定可再生 / 低碳氢气的标准，同时还要有原产地的证书，来证明氢气"货真价实"。幸运的是，有

⊖ 美国的战略石油储备为 7.97 亿桶石油，相当于 1350 太瓦时，价值约 500 亿美元。如果需要在电池中储存等量的能量，资本成本将高达 400 万亿美元。

氢能革命

许多成熟的组织和公司已经提供了标准，包括国际标准化组织（ISO）。

随着氢能的发展，我们在制取氢气的技术上也取得了很大的进展。

绿氢

在过去的三年里，我和我的团队花了很多时间走访电解槽和组件制造工厂。我热衷于投资这一领域，因为我觉得它很有前景。仅在 2020 年期间，英国 ITM Power 公司的市值就增长了 6 倍，而其竞争对手 Nel 的市值则增长了两倍多。这些公司正准备生产更多的设备来制造绿氢。在 2030 年之前电解槽市场预计将以每年 10%~15% 的速度增长。我也喜欢"在氢生态系统的神经中枢占有一席之地"这种思路，这样一来，我们就能更好地了解市场是如何发展的，并支撑这项赋能型技术的发展。经分析，我们决定成为 ITM Power 和意大利公司迪诺拉（De Nora）的股东和行业合作伙伴。

我早期的看法是，电解槽制造商的成功与否取决于能否在三个相互冲突的目标（即成本、性能和耐久性）之间找到正确的平衡。如果想要提高电解槽将电能转化为氢气的效率，就需要更多的贵金属。可这样一来，成本也就更高了。而且性能越好，磨损速度也越快。好在那些在研发上花费了数十万小时的公司很擅长解决这种问题。

目前主要有两种类型的电解槽：碱性电解槽和 PEM 电解槽。

碱性电解槽制氢已经有一百多年的历史了。在 20 世纪初的欧洲，有 400 多台由水力发电驱动的工业电解槽生产氢气用于制造化肥，以保证欧洲的粮食供应。这些电解槽是约翰·里特设计的成熟版本，里面含有碱性电解质，因此被称为碱性电解槽。这些电解槽数量不多，但体积都很大。电解槽的容量通常是根据它制造氢气所消耗的电力来衡量的。早在 1927 年，挪威的海德鲁公司（Norsk Hydro）就生产出了电力消耗能力超过 1 兆瓦的电解槽。而现在，Nel 正在建造的集装箱碱性电解槽消耗的电力高达 2.5 兆瓦，而且从技术上来说，还能做得更大。这些电解槽可以一个挨一个堆叠在一起，并用电线连接。在挪威的格洛姆菲尤尔曾有一个"怪物"电解槽，从 1953 年运行到 1991 年，其容量高达 135 兆瓦。

除了制氢，碱性电解槽还可以通过电解氯化钠溶液来生产氯和烧碱（NaOH）。这个行业规模巨大——烧碱行业本身的市值就高达 300 亿美元，还能为化工行业提供支持。这个行业的先驱者之一是奥隆兹·迪诺拉（Oronzio De Nora），他在一个小实验室里创建了自己的同名公司迪诺拉（斯纳姆现在持有该公司的股份），并一步步成为了市场领导者。迪诺拉为烧碱厂制造电极，现在还制造碱性电解槽的核心部件——电堆。如果我们把电堆看作是计算机内部的处理器，那迪诺拉就是碱性电解槽世界里的英特尔。

碱性电解槽有很多优势：首先，成本相对低，而且还有下降空间；其次，可靠性高。如果有稳定的电力供应，碱性电解槽是个保证氢气稳定产出的好方法。但是，它们体积庞大，而且内部液体往往具有腐蚀性，功率调整反应时间也比较长。

跟碱性电解槽相比，质子交换膜（PEM）电解槽算是一种新产品。在 20 世纪 60 年代中期，通用电气公司（General Electric）设计研发了相关设备为美国国家航空航天局（NASA）的双子座计划（Gemini Space Program）提供电力。随后 ABB 公司于 1987 年将这项装置应用于其他市

氢能革命

场，并推出了第一款高功率商业模型。

PEM 电解槽将电极直接放置在薄膜的两侧，当初里特制造电解槽的时候没有用到这种结构。这种膜使用的是一种经过特殊处理的材料，看起来有点像普通的厨房保鲜膜，但是它只传导带正电荷的离子，带负电荷的电子会被"拒之门外"。

当电子通过一个外部电路绕着薄膜流动形成电流时，质子从阳极穿过薄膜到达阴极。在那里，它们吸收电子变成氢分子。PEM 电解槽比笨重又具有腐蚀性的碱性电解槽小巧得多，但是在使用的过程中薄膜必须保持潮湿。

PEM 电解比碱性电解响应要快得多，所以是支撑太阳能和风能等间歇性能源的理想选择。而且，PEM 电解槽与同等碱性电解槽相比，体积小，可堆叠，维护方便，工作可靠，操作简单。它的效率很高，能将 80% 的电能转化为氢能储存起来，而且随着科技的进步，转化效率有望进一步提高。

当然，PEM 电解槽也有缺点。经过大约 40000 小时的连续运转，这层神奇的薄膜就会退化到无法使用的地步。虽然对任何机器零件来说，损耗都不可避免，但质子交换膜特别贵。与其相比，更贵的是其中一个电极涂覆所需要的铂，而另一个电极涂覆所需要的铱也不便宜。铂主要产于南非、俄罗斯和加拿大，价格波动剧烈。为了找到替代品，人们进行了无数的研究，但到目前为止都没有成功。不过好在单位容量所需铂的量正在迅速下降。PEM 电解是一项发展迅速的新型技术，值得更多关注。

自 2015 年以来，西门子一直在德国美因茨运营一个 6 兆瓦的 PEM 电解槽。ITM Power 公司也已经与壳牌达成了一个合资项目协议，在德国莱茵炼厂（REFHYNE）建造一个 10 兆瓦的 PEM 电解槽。作为世界上最大的 PEM 电解槽之一，该项目现已投入运营，通过利用可再生能源每天可生产约 4 吨（或每年约 1300 吨）的清洁氢。

展望未来，碱性电解槽和 PEM 电解槽可能会在市场上"平分秋色"。由于 PEM 电解槽能够快速响应，很可能会被广泛用于管理间歇性的可再生能源，而碱性电解槽则会被更多用于更注重成本和可靠性的工业领域。

此外，还有一种固体氧化物电解槽，可以在 500~900℃ 的高温下进行 PEM 电解槽的所有常规操作，有潜力成为最高效的技术，但相关研发仍处于早期阶段。固体氧化物电解技术的引领者是一家名为 Sunfire 的德国公司。现在，其他公司也加入了进来，包括美国的 Fuel Cell Energy，该公司正在建造一个每天能产生 250 千克氢的原型机。

粉氢

如果利用核能而不是太阳能或风能来制氢，这种氢就叫作粉氢。通过使用特定的电解槽，你可以利用核电厂的废热，即过热蒸汽来生产粉氢。现在，核电厂的蒸汽有时被用来通过蒸汽甲烷重整生产灰氢。如果我们能使用固体氧化物电解槽，通过电解分离蒸汽来制氢，那就更好了。一个 1000 兆瓦的核反应堆每年可以生产 20 万吨以上的粉氢[1]，十个这样的反应堆就可以满足美国目前大约 20% 的氢需求。

对于核电行业来说，粉氢可能是一种新的收入来源。目前，核电行业正努力让新项目上线，或者让现有项目继续运行。如果核能可以大规模提供低碳电力，那当然是一件好事。这种设想也是新的小型模块化反应堆或成本更低的先进技术（如钍反应堆）发展的有力支撑。鉴于氢的灵活性，粉氢也可以作为一种长距离运输核能的方式，并匹配稳定的供给和波动的需求。

蓝氢

蓝氢和灰氢一样，都是用天然气制取的，但制取蓝氢的过程增加了碳捕集、利用与封存（CCUS）。CCUS 是一种已验证的技术，涉及从水泥、钢铁厂和化石燃料发电厂等大型点源，或直接从空气中捕集二氧化碳。这项技术非常简单：先让废气通过一种可以吸收二氧化碳的溶剂，而后加热溶剂，再从冒出来的气泡中收集二氧化碳。二氧化碳被收集起来后，可以封存在某个地方，或者用来做一些有用的东西。但是在很多国家，"封存地点"成了一个政治问题。而所收集的二氧化碳可以作为生产合成燃料、化学品和建筑材料的原料，也可以打入气泡水或啤酒中，或者添加到温室中帮助作物生长。

根据二氧化碳烟气的不同纯度，CCUS 的成本从每吨二氧化碳 15 美元到 145 美元不等，而这一成本主要发生在"捕集"环节。[2] 每吨二氧化碳的运输和储存成本分别是 10 美元左右。人们目前面临的挑战是，如何将整个过程从目前的万吨/年规模扩大到 10 亿吨/年，并统筹运输和储存，降低成本。如果能更多利用现有的基础设施和储气库，成本就会更低。二氧化碳也可以通过船舶运输，并储存在现有的储气库中。

全球碳捕集与封存研究院（Global CCS Institute）调查了全球 26 个正在运营且每年能够捕集 4000 万吨二氧化碳的设施，以及 37 个在建或开发中的设施。许多项目都在美国，并通过三种方式获得收入：联邦激励措施，比如税收抵免（根据美国《国内税收法典》第45Q条）；额外的地方激励措施，如加州低碳燃料标准计划规定的措施；向石油公司出售二氧化碳来提高石油采收率（EOR）。在提高采收率方面，二氧化碳被泵入成熟的油藏，增加总压力，迫使剩余石油流向井中。

二氧化碳有很多用途，但捕集的二氧化碳目前只能用在几个地方。这导致二氧化碳供大于求，所以我们也只能把多余的丢掉。扩大碳捕集规模最好的办法就是将二氧化碳封存在废弃的油藏中。在一些工业地区，一些公司正计划从当地排放源捕集二氧化碳，然后将其储存在大型地质场所。例如，英国亨伯地区（零碳亨伯计划）和英国北部东海岸的一个地区（净零蒂赛德计划）都将北海作为二氧化碳储存的最终目的地。

在未来的几年里，在部分区域，蓝氢可能是最便宜的清洁氢能，每千克仅需2.5美元，因此为蓝氢开发CCUS技术可能会带来许多其他的益处。

在许多地方，CCUS是钢铁和化工制造业中最具成本效益的减排方式，据我所知也是水泥生产减排中唯一成熟的技术。在其他领域，CCUS将扮演极其重要的过渡角色，用以消除能源结构中仍然存在的化石燃料排放。多年来，气候科学家一直在说，我们需要CCUS来减少净排放量。除此之外，我们可能也需要CCUS来捕集空气中的二氧化碳，因为我们的碳预算已经超标。尽管如此，CCUS的发展却不尽如人意，其占全球清洁能源和能效技术的年度投资一直不到0.5%。

除了削减成本，我们还需要改进技术。现在，废气经过CCUS系统后，仍有10%的二氧化碳逃逸到大气中。CCUS在与蒸汽甲烷重整技术结合后，可以减少 90% 的碳排放，只留下 10%，所以虽然蓝氢相对清洁，但也不是零排放。其他可以投入使用的技术（以及已经在化学工业中投入使用的技术），如自动热重整技术的碳捕集率甚至更高，超过 95%。

CCUS 之所以没有成功，还因为一些气候活动家的反对。CCUS 通常被视为一种与可再生能源争夺投资的化石燃料技术。但是，只要能减少碳排放，我们都应该考虑。人们还担心，CCUS 会被简单地用来进行"绿色清洗"，允许污染者继续污染。我之所以对 CCUS 感兴趣，是因为加布里埃尔·沃克[⊖]，她说 CCUS 是"所有气候技术中最不受欢迎、最讨厌、最受诋毁的"。她告诉我，这项技术面临的最大障碍之一是缺乏信任，特别是一些气候活动人士根本不允许石油和天然气行业来解决这个由他们自身所造成的问题。

尽管进展缓慢，但事情正在发生变化。自 2017 年以来，已有数十座 CCUS 设施宣布开工建设，其中大部分在美国和欧洲。³ 但即使这些项目得以实施，也仅仅能捕集全球排放二氧化碳的 0.3% 左右。鉴于碳捕集在限制气候变化方面的重要性，希望能通过与氢能的联动，让其重新回到发展议程。

绿松石氢

如果在没有氧气的情况下加热天然气，其中的甲烷分子就会分解，留下碳原子和氢原子。而且留下的碳是纯粹的炭黑，所以这种制氢方法不会

⊖ 除了之前提到的在挪威爬山时与我详细讨论气候变化问题外，加布里埃尔还帮助我建立了对碳捕集与封存技术的信任。

排放任何二氧化碳。因为这一方法基于天然气，所以可能对俄罗斯、伊朗、加拿大和卡塔尔这些天然气储量可以持续几个世纪的国家极具吸引力。

甲烷裂解的技术难点在于甲烷分子的绝对稳定性。你需要大量的能量才能让甲烷裂解，温度至少要达到550℃，最好在800~1200℃之间。一些方法尝试使用等离子体火炬来达到这样的温度。尽管开采天然气有一些生态成本，但如果使用可再生电力为等离子炉供电，整个过程可以相当清洁。用这种方法裂解甲烷，产生等量的氢只需要用到电解槽所需电力的1/3。或者，你也可以通过燃烧少量产生的氢气（大概是总产量的15%）来给自己供电。

到目前为止，有关绿松石氢的一切似乎让所有人都非常满意。但绿松石氢也并不是什么上策，还有一个问题需要解决，那就是如何处理产生的固体碳，即使固体碳比二氧化碳更容易储存。

而且这些炭黑也导致了甲烷裂解在工业上应用的失败。通用石油产品公司的化学家发现，甲烷裂解后，他们使用的镍铁钴催化剂上有一层炭黑。他们所能找到的唯一解决办法就是把这些东西烧掉。但这么一来，就又产生了二氧化碳。现在，人们已经开始尝试设计新的熔炉来解决这个问题。挪威的Kværner石油天然气公司开发出了一种能够将炭黑分离出来的工艺，而且该公司还可以将炭黑出售，一举两得。在橡胶和油漆制造中，炭黑大有用处。还有一种方法，部分由诺贝尔奖得主、粒子物理学家卡洛·鲁比亚（Carlo Rubbia）提出，即将甲烷气泡浸入熔融的金属混合物。[4] 碳在金属表面聚集，然后被收集并被用作一种非常有用的高性能建筑材料，用以代替钢铁和水泥。

甲烷裂解只是裂解的一种形式。特别注意的是，这里的裂解指的是把

氢能革命

某物加热，但不燃烧，直到它失去本质并分裂成各组成部分的过程。裂解还有另一种形式，就是在 540~1000℃的温度下对废弃物进行热分解，产生的气体可用于发电或电力运输。在洛杉矶以北，加利福尼亚州兰开斯特有一个规划中的工厂，将使用塑料和再生纸作为制氢的原料。[5]

该工厂已于 2021 年开始建设，预计将于 2023 年第一季度投入使用，届时每天将生产多达 11 吨氢，每年 3800 吨。加州已经有了对氢的需求，兰开斯特工厂的产出将供应该州的 42 个加氢站。

提出这一想法的公司 SGH2 全球能源公司声称，用这种方式产生的氢气将比用可再生能源和电解法生产的绿色氢气便宜 5~7 倍。然而，就像任何基于废弃物的技术一样，原料的供应还与我们扔掉东西的多少息息相关，但这也不是鼓励我们多扔点儿的意思。

如果我们可以用裂解法从甲烷、塑料或纸张中提取氢气，那么为什么不能用同样的方法来处理水呢？原因很简单，裂解水（H_2O）比裂解甲烷（CH_4）需要更多的能量，因为氢与氧的结合比氢与碳的结合更紧密。如果用纯热，裂解水需要 2800℃左右的温度。最可能的能量来源是定日镜——一块很大的镜子，可以把阳光反射到一个反应室里。这特别科幻，像是电影《银翼杀手 2049》里的东西。一旦产生了过热的氢和氧，你还必须阻止它们相遇，因为一旦相遇，它们就会发生爆炸反应。裂解水这个想法如此简单，却涉及诸多重大技术挑战，让年轻的学者纷纷涌进这个研究领域。现有文献中已经描述了 300 多个水裂解循环，每个循环都有不同的操作条件、工程挑战和制氢机会。像其他许多制造清洁氢能的想法一样，水裂解技术很有前途，但仍处于起步阶段。

因为不论如何制造，氢气只有一种。这些生产过程将在能源系统的不同环节、不同地区、不同商品和服务之间建立联系。假设这周北海的风很大，绿氢的价格就会下降。欧洲的消费者将减少购买北非或澳大利亚沙漠绿氢、俄罗斯蓝氢或法国粉氢等不同形式的氢气，因此天然气、核能、化肥甚至面包的价格都将下降。这就是连接客户和许多不同供应商的基础设施是如此重要的原因，因为它可以使氢气成为能源领域的重要连接器，在流动性和价格方面都有好处。氢气"五颜六色"，像彩虹似的，就足以说明氢气生产部门有多活跃了。鉴于我们对氢的需求量，制氢方式当然是越多越好。

氢 能 革 命

————

第 **10** 章

氢气运输

通常情况下，氢气会占据大量的空间。为了解决这个问题，氢气可以经过压缩，并通过管道运输，或者液化后用船运输。在许多情况下，氢气运输可以借助于现有的天然气基础设施。这样一来，氢气的运输和储存几乎和化石燃料一样便宜和简单，而且远比电力便宜。

2019 年 4 月，发生了一件非常特别的事。在我的领导下，斯纳姆公司将氢气注入了意大利的天然气输送管网。这项在欧洲史无前例的实验在萨莱诺省的孔图尔西泰尔梅进行。我们在天然气中掺入 5% 的氢气，并将其供应给该地区的两家工业公司、一家瓶装水厂和一家意大利面制造商奥罗吉亚罗。后来，在 12 月，我们把掺氢的比例提高到 10%。结果是什么呢？我们吃到了美味的培根蛋酱意面。

即使混合了 10% 的氢，一切还是运转良好。我们测试了管道、阀门和面食厂设备的性能，结果都不需要更换设备。这一实验登上了《纽约时报》（*New York Times*）的头版，奥罗吉亚罗意大利面也因此大卖。该实验也证实了在整个天然气网中混合氢气、甚至携带纯氢的可能性。

将氢气与天然气掺混显然是正确的一步，因为这将使气体混合物变得更清洁，并且可能是扩大氢生产和启动全球氢经济的最佳方式。当然，一些客户可能无法接受将甲烷和氢气混合，所以混合的方式并不统一，在不同的地区有不同的比例。或者，我们可以用一些膜来分离氢气和甲烷。这在工业气体分离过程中是有先例的，但尚未在我们需要的气体管网规模层面进行验证。

但气体混合很可能只是一个过渡阶段，达不到净零的效果[⊖]。为此，我们需要天然气网来输送纯氢。

人们担心，氢气可能会渗透到制造管道的碳钢中，使其变得脆弱，即氢脆。这种情况会发生，但发生的速度取决于钢材的质量。钢越软，它的原子晶格就越无序，氢原子造成的破坏就越小。令人高兴的是，欧洲大部分的管道网格都是由软钢制成的，氢脆过程非常缓慢，而且管壁也很厚，能有效减缓脆化问题。据斯纳姆工程师计算，意大利至少有 70% 的管道可以以相当于或略低于天然气的压力输送 100% 的氢气，并且可以安全运行 50 年。事实上，制造氢气管道（现全球总长约 4500 公里[1]）的技术规格与意大利制造天然气管道的技术规格基本相同。

必要时，我们可以对现有管道系统进行更新，以输送氢气。显然，这需要花很多钱，但毕竟管道本来也需要进行更新，而且天然气网的老旧部分也需要更换。在一些地方，人们已经在这么做了。例如，英国人正在把天然气管道从熟铁管换成聚乙烯管——一种非常适用于输送纯氢的管道。

⊖　除非氢与可再生气体（生物甲烷）混合，但与所有生物燃料一样，其储量可能有限。

氢能革命

一立方米氢气所含的能量只有同体积天然气的 1/3，但好在，这并不意味着我们需要三倍于天然气的管道。氢的黏度低，所以它的流速比天然气高。通过额外的压缩，输送纯氢的管道最大能量容量可以达到输送天然气时的 80%。

调节气体流量的巨型球阀也应该能处理纯氢，但是管网中的其他部分可能需要更新。我们还需要一个很贵的东西，那就是新的压缩泵站。但是总的来说，整个过程还是很容易管理的。翻修一条输送氢气的天然气管道的成本仅为新建成本的 10%~25%。[2] 根据由 23 家欧洲天然气运输公司联合发布的《欧洲氢能主干管网》（European Hydrogen Backbone）研究报告，到 2040 年，欧洲将拥有总长约 40000 公里的管道，其中 70% 将需要翻修。对于能源转型而言，如果能够利用现有的管网来运输氢气，这无疑是个好消息，因为这意味着我们已经有了一块关键的拼图。这对斯纳姆等管道运营商也很重要，因为这意味着即使天然气被淘汰，我们的资产也将在能源系统中发挥关键作用。

放入地下

我们压缩了氢气，又把它放进天然气管道系统，然后储存在哪儿呢？

也许听起来有点草率，但是其中一个选择是：继续放在管道里。管道中储存的气体被称为"管道包"，为输气管网提供了充足且有益的弹性。通过细微调整其规模，供需之间的不平衡可以在几个小时内被弥补，而不影响对客户的供应。但如果我们要在夏天制氢，供冬天使用，我们得储存相当大量的氢才行。

虽然"通过加压的方式把世界上最轻的元素储存在地下"这个做法听起来似乎愚蠢至极，但事实上，我们已经这样做了几十年。美国得克萨斯州的石化工业需要不断地向炼油厂供应氢气，而他们的解决办法是将氢气储存在洞穴中。例如，自 20 世纪 80 年代以来，得克萨斯州的雪佛龙菲利普斯克莱门斯码头（Chevron Phillips Clemens Terminal）就一直将氢储存在一个废弃的盐穴中。与此同时，英国也有三个用来储存氢的盐穴。

地下储气包括利用一些方法将气体压缩并注入岩穴，必要时可以在压力下释放需要的气体。对于天然气来说，在废弃的地下储存是非常便宜的，即使你一年只使用一次，价格也只有 10 美元 / 兆瓦时左右。

对一些国家来说，盐穴可能是储氢的最佳选择。盐穴壁的密度足够大，即使在高压下也能容纳氢气。现有的盐穴容量从几万立方米到超过一百万立方米不等，可以承受 200 个标准大气压甚至更高的气压，这为储存由风能和太阳能产生的规模大幅波动的氢气提供了理想的场所。

然而，现有盐穴的数量不多，而新的盐穴需要接入井注水并将盐溶解其中才能形成。这并不是一件容易的事，因为利用水溶采矿法采盐会产生大量的盐水，我们还得用环保的方式来处理这些盐水。

在美国、英国、德国以及其他地质条件丰富的国家，这条路也许行得通。这种氢气储存方式价格低廉，甚至可以低于 10 欧元 / 兆瓦时，同时也取决于你一年使用的次数。但在其他地方，地下储存就没这么简单了。例如在意大利，在确定氢气不会与储层结构发生化学反应的前提下，我们可以使用枯竭的天然气田来储存氢气。但是氢气非常活跃，可能与微生物或硫等化学物质发生反应，甚至可能与岩石中的矿物质发生反应。当然，它也很可能会从剩余的碳氢化合物中捕获残留物。对于枯竭的油

氢能革命

田也是如此。

研究人员正在进行各种项目的研发，测试是否有可能将氢气与天然气的混合物储存在天然气田中。例如，奥地利天然气运营商 RAG 就有一个项目，目的是证明枯竭油田的氢耐受性可达 10%。RAG 还有一个名为"地下太阳转换系统"的项目——把氢气和二氧化碳放入同一个储存点，并加入一团健康的细菌，看看在这个天然的生物反应器里，它们是否会再次反应生成甲烷（这个过程被称为甲烷化）。在写这本书的时候，这个项目还没有产生任何定论。但是，围绕地质储存地点创造可持续碳循环的想法确实值得研究。将氢气储存在甲烷分子中，可以在给定的体积中储存更多的能量，并获得更多的储存收益。这也意味着你可以把现有的枯竭天然气田利用起来。毕竟，合成的甲烷分子与当前储存的没有区别，而且已经成功地储存了数百万年。

如果氢气真的可以以甲烷的形式储存，怎么取出来呢？首先，你可以把它用作燃料，前提是原始的二氧化碳是捕集的，不会产生净碳排放。但你需要不断捕集新的二氧化碳才能继续产生新的甲烷。另一个办法是，把甲烷取出后，再次分解甲烷分子，就像生产蓝氢一样，由此创造一个闭环的二氧化碳循环。

世界上许多地方没有现成的盐穴或枯竭的天然气田，但他们还有很多其他选择，比如在地上或地下专门建造金属容器，其中一个选择就是上面提到的管道存储。既然管道可以容纳压缩后的氢气，那为什么不能铺设廉价的标准化管道来储存氢气呢？一公里氢气储存管道（直径和压力与天然气储存管道都相同）可以容纳大约 12 吨氢气。[3] 还有一个好主意就是在岩洞里铺上一层薄钢板，在瑞典的斯卡伦，人们就是这样储存天然气的。因为岩层承载了主要的结构负荷，储存压力可以提升到 200 个标准大气压。跟大型储罐相比，这样的方式更便宜，也更好操作。

液体阳光

1898 年 5 月 10 日，苏格兰化学家詹姆斯·杜瓦（James Dewar）成功地将氢进行了低温液化，此外他还发明了真空保温瓶，这一做法后来被两位德国玻璃吹制工赖因霍尔德·布格尔（Reinhold Burger）和阿尔伯特·阿申布伦内尔（Albert Aschenbrenner）商业化，才有了现在的品牌膳魔师（Thermos）。

杜瓦在 180 个标准大气压下压缩氢气，然后用液氮将其冷却到 77K（−196℃），再把这些预先冷却的氢气通过一个阀门排出，进行进一步冷却。你可以这么考虑，如果你用嘴吹气，吹出来的风是冷的，但如果你哈气，就是热的。在杜瓦的实验中，氢被冷却到了 20K（−253℃），即标准状况下氢气的沸点。他生产了大约 20 立方厘米的液氢，只有实验最初所用氢气量的 1% 左右。

好在自那以后液氢制取的效率有所提高，但液氢的处理在技术上仍具有挑战性。由于氢气制冷的成本非常高，因此，储罐必须隔热良好，因为一旦吸收热量，液氢就会蒸发掉；并且储罐材料也是一个问题，因为金属暴露在极低的温度下会变脆。如今，类似的过程被用于液化、运输和储存天然气。目前已经有数百个液化再气化的终端，液化天然气运输船在海洋中纵横驰骋，低温卡车将过冷气体运送到加气站，所以这些挑战都可以克服。我们并不是从零开始的，人们正在考虑将现有的液化天然气设施转为为氢气所用。

但以上方法还是存在一个无法避免的缺点，那就是液氢还是很轻，每立方米才不过 70 千克左右。一升液氢可以储存 2.4 千瓦时的能量，而一升汽油可以储存 9.4 千瓦时。即使我们把氢变成了液体，低能量密度仍然是个问题。

表 5　不同燃料能量密度比较表

燃料	能量密度 /（千瓦时 / 升）
氢气，1atm[⊖]	0.003
氢气，200bar	0.5
氢气，700bar	1.4
液氢	2.4
液氨	4.3
汽油	9.4

还有一种将能量密度提高的方法：将氢与其他元素结合，制造出一种更容易携带和储存的化学物质。根据用途进行分类的话，它们可以被称为液态有机氢载体或合成燃料，如可以帮助航空和其他行业实现低碳排放的合成煤油。但碳氢合成燃料依然受到碳的限制。如果要实现零排放，必须将其排放从大气中捕集。

氨气，一种氢氮化合物，是最理想的氢载体之一。现在，人们主要用它来制造化肥。虽然本书讲的是氢如何拯救世界，但实际上，通过氨，氢其实已经拯救了世界。因为没有氨，很多人都会饿肚子。

植物生长需要氮。虽然大气中 78% 是氮气，但是这种氮气是以紧密

⊖　1atm 即一个标准大气压，等于 1.01325 巴（bar）。——编者注

结合的氮分子形式存在的，对植物没有用处。在与其他元素结合后，植物才能利用氮进行叶绿素合成等活动。

地球上最早的含氮化合物——硝酸盐是由闪电带来的。闪电过后，空气温度过热，促使氮气与氧气结合形成二氧化氮，然后二氧化氮又以雨或雪的形式落到地面，这就是植物最初的肥料。随着时间的推移，在非超高温的条件下，细菌进化出了同样的化学功能。三叶草、豆科植物和其他一些植物后来进化成了这些细菌的寄主，为自己赢得了氮供应。

100 年前，化学家们意识到，田地靠自然的氮摄入量不足以维持足够的食物产量。为了解决这个问题，人们首先尝试了制造人工闪电。1902年，尼亚加拉大瀑布的水力发电厂为成千上万的电弧供电，像闪电一样生产二氧化氮。虽然这个办法有用，但产量太低，而且太过昂贵。

二氧化氮并不是植物用来固定氮的唯一化学物质。氨由一个氮原子和三个氢原子组成，化学式为 NH_3。卡克斯鲁厄大学的弗里茨·哈伯（Fritz Haber）教授发现了人工合成氨的方法。哈伯与德国化学公司巴斯夫（BASF）的实验室技术人员合作，发明了一种将高压氢气和氮气通过热催化剂生产氨的机器。1918 年，他被授予诺贝尔化学奖。

氨在维持我们的食物供应的同时，现在也被视为一种有前景的协助船运脱碳的燃料。氨作为一种富氢燃料，在内燃机中，甚至在燃料电池中运转良好。目前，燃料电池通常使用天然气，氨和纯氢的燃料电池正在开发中。每升液氨能够提供 4.3 千瓦时的能量，其能量密度差不多是柴油的一半、液氢的两倍，这足以让它成为一种可行的发动机燃料。

通过加压，氨可以在室温下以液体的形式储存，这也不失为一种潜在的储氢方法。先把氢转化成氨，再在需要的时候转化回来，这听起来可能

氢能革命

很奇怪，但如果把氢过冷至液态，那是不是就听着可行了呢？因此，氨成为了一种非常有吸引力的解决方案，特别是在需要长时间储存大量能量的情况下。

以上三种处理氢气的方法会产生三种不同的产物，分别是压缩氢气、冷冻液氢和氨，每一种产物都有自己的细分市场。下图显示了2050年从不同的地方用不同的方法将氢气输送到德国的可能成本。压缩氢气比液氢更便宜，所以在可行的情况下可以选择压缩氢气，比如有管道并能连接到充足阳光所在地的地方。这样的成本甚至比在德国通过海上风力发电制氢还要低。液氢可能更适合长距离运输，而且它也可能是一些卡车制造商的可选燃料，因为与压缩气体相比，液氢续航更长。

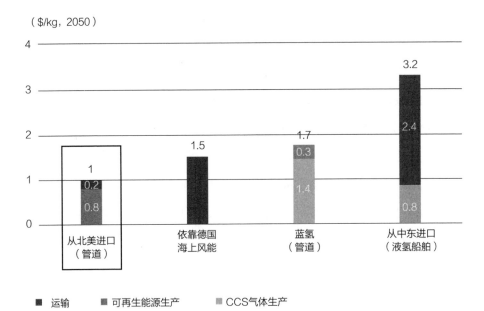

（$/kg，2050）

2050年德国氢气运输成本

然而，未来的汽车和卡车可以采取一种完全不同的方式携带氢，即通过固体吸附。这种"魔术"的起源可以追溯到 19 世纪初。1803 年，英国化学家威廉·海德·沃拉斯顿（William Hyde Wollaston）发现了金属钯。很快，他就发现，金属钯有一种神奇的特性：它可以吸收大量的氢。在当时，这一发现只不过是一件科学上的奇闻。但现在，它是一项新技术的基础。

理想的储氢材料，也就是你愿意在车里随身携带的那种，必须能够储存至少 6.5% 的氢，这意味着一个 75 千克重的油箱必须能够储存 5 千克的氢。因此，化学家们一直在寻找一种既能容纳大量的氢，又能在温和的条件下将其以气体形式释放出来的材料。

20 世纪 70 年代，研究人员发现了一系列非常有前途的材料，其室温容氢量约为 2%。对于某些应用来说，这已经足够了。这些材料被称为金属氢化物，已经用于储存家庭和商业屋顶太阳能电池板的能量，而且也已经与特斯拉能量墙等竞争对手的电池储存解决方案展开了竞争。与锂离子电池相比，金属氢化物系统在给定的尺寸下可以储存更多的能量，而且使用寿命长达 30 年左右，这是任何电池都无法比拟的。简而言之，固态储存是不错的选择，但还太小众。

目前来看，我们已经有运输氢气的工具了，无论是压缩氢气、液化氢气还是化学合成氢气。

氢 能 革 命

第 11 章

氢气使用

我们开发了很多工具，以利用氢储存的能量，使其成为一种通用燃料。

现在，你已经选择了一种清洁的制氢方法，并且能够以一种方便的形式储存和携带它，那么如何释放它所储存的能量呢？

你可以直接烧掉它，因为氢是很好的燃料。你可以通过燃烧氢气来取暖或做饭，就像许多家庭燃烧天然气一样。为此，我们需要小幅改造燃气发电站中心的涡轮机，使其靠氢气驱动，取代此前的天然气。所以，燃烧氢气可以帮助缓解电网供需不平衡，特别是在一个漫长的季节，因为我们可能会面临在几周内太阳能或风能供应不足的情况。喷气发动机是燃气轮机的"近亲"，所以氢气甚至可以让我们乘上清洁能源飞机进行洲际飞行。和燃料电池一样，燃烧氢气产生的主要废气是水蒸气[⊖]。

⊖ 虽然水蒸气也是一种温室气体，但不用担心，因为在大气较低层时，它不会产生太大的影响。水蒸气不会像二氧化碳那样，能够在大气中聚积几十年或几百年的时间，平均只会停留 10 天左右，然后就会以降水的形式落回到大地上。因此，即使我们排放很多很多的水蒸气，其大气浓度也只会增加约 10 天的排放量。

如果氢被锁定在一种化合物中，比如氨，也可以进行燃烧，从而用来驱动一艘集装箱船。在本书下一章，我们会看到更多这方面的应用。

如果你想要热能或动能，或者你附近有一座发电站需要供电，氢都能满足。但是，如果能把氢储存的能量转换为电能，氢气的利用价值就可以更多元。燃料电池本质上是一个反向工作的电解槽，它不使用水和电来制造氢气，而是反过来使用氢气来制造水和电。它的化学性质与燃烧过程基本相同：氢和氧结合生成水并释放能量，只不过在燃料电池中，释放的是电能而不是热能。

所以，燃料电池完全可以与普通电池竞争。只要相关化学物质进入燃料电池，电流基本上就能无限地流出。这与普通电池形成了鲜明的对比：所有的化学物质都储存在电池内部，所以一旦电池将其化学物质全部转化为电能，电池就没电了。这时，你可能就得给它充电，或者可能会直接把它扔掉。

燃料电池最初由克里斯蒂安·舍恩拜因（Christian Schönbein）和威廉姆·格罗夫（William Grove）发明。但是早期的燃料电池并不实用，主要是因为在使用过程中，电池的温度和压力都过高，很容易坏掉。弗朗西斯·培根（Francis Bacon）——不是那个我们熟知的哲学家，而是他同一家族的后裔——在1932年制造了第一个实用的燃料电池。作为一名工程师，培根发明了一种更加坚固耐用的组件，能够应对高温和高压，这就是今天碱性燃料电池的雏形。培根并不喜欢"培根电池"这个名字，觉得很有歧义，好在这个名字也没有流行起来。这个电池内部装满腐蚀性的氢氧化钾，最开始是用来给电焊机供电。同年，阿利斯·卡尔默斯（Allis-Chalmers）制造公司的工程师哈里·卡尔·伊里格（Harry Karl Ihrig）制造

氢能革命

出了第一辆燃料电池机动车——一辆 20 马力（1 马力 ≈ 735 瓦）的拖拉机。

现在的燃料电池拥有更好的性能，这很大程度上要归功于新材料的发展。电极的进化过程本身就够写一本书。把氧化镁覆在电极上的熔融碳酸盐电池，比培根当时可用的任何东西都先进得多。但是很快，它们又被非常薄的聚四氟乙烯键合的碳金属混合电极所取代。人们还在不断研发，现在的主要目标是减少所需稀有金属的含量。

碱性燃料电池非常适合用于离网发电。例如，白天太阳能电池板为电解槽供电，生产氢气；而在晚上，燃料电池则利用白天储存的氢气供电。这在电力基础设施匮乏的发展中地区尤为重要。

如果供电需求更大，我们还可以利用固体氧化物燃料电池。现在，这种电池已经在很多工厂和城镇得到了应用。它们的运行温度非常高（700~1000℃），需要 8~16 个小时才能打开或关闭，所以只能保持常开状态并提供基荷。固体氧化物燃料电池的关键在于充分利用高温工作，它产生的蒸汽可以被输送到涡轮机中，以产生更多的电力，所以这些设备被置于一些当今最好的热电联产（CHP）机组中。另一种技术——熔融碳酸盐燃料电池，也可以高温运行，而且效率很高。现在，容量超过 260 兆瓦的熔融碳酸盐燃料电池在世界各地被用于热电联产和电网支撑。

质子交换膜（PEM）燃料电池与碱性和固体氧化物燃料电池相辅相成。氢气在压力下从阳极侧进入后，会遇到催化剂，通常情况下是涂有细小铂颗粒的一块布料或碳纸。当一个氢分子与催化剂接触时，就会分裂成两个质子和两个电子。电子从阳极穿过一个外部电路，产生电能，可以为汽车供电等，然后进入阴极。质子穿过交换膜也达到阴极，与空气中的氧气发生反应形成水。

在相同的输出功率下，PEM 燃料电池比碱性燃料电池更小更轻，因此成为氢燃料汽车的首选。目前，氢燃料汽车需要大约 30 克铂作为 PEM 燃料电池的催化剂，这是传统汽车在其催化转换器中使用的 5~10 倍。如果氢燃料汽车行业规模扩大，对贵金属铂的高需求可能会成为一个严重的问题。一些研究人员正在尝试减少需要的铂含量，如用更细的颗粒来增加活性表面积；其他研究小组则正在研究替代催化剂，如金属氧化物纳米颗粒制成的碳纳米纤维。

PEM 燃料电池并不便宜，贵金属、气体扩散层和双极板占了整个系统成本的 70%。而且 PEM 燃料电池也不能一直工作，反复打开和关闭电池系统会造成薄膜的退化，最终无法使用。还有一个设计难题，那就是薄膜必须保持湿润，由于电池的工作温度是 80℃ 左右，因此，通常需要某种加湿系统来保持薄膜的湿润状态。

对 PEM 燃料电池制造商来说，数据中心市场的快速增长是一个好消息。美国现在需要为数据中心提供近 4 万兆瓦的备用电力容量，而且多年来一直保持着两位数的增长。这意味着在 2020 年至 2025 年期间，需要的备用电力容量将翻倍。如今大型科技公司正在努力脱碳，所以氢将成为他们在数据中心备用电源中最环保、最便宜的选择。不过，既然氢燃料电池已经就位，为什么却只能用于备份？如果用作主发电机，你可以利用燃料电池产生的废热来驱动热泵，冷却服务器。

据估计，到 2030 年，美国 45% 的数据中心将使用氢燃料电池作为备用能源。我们预计，到那时像亚马逊、苹果、Facebook、谷歌和微软这样的行业巨头需要增加 1500 兆瓦的固定式装机容量。到 2050 年，预计有 2/3 的数据中心将配备氢燃料电池。

氢能革命

因为燃料电池也可以使用甲烷（天然气），而且比发电厂发电效率更高，所以我们现在就可以将它们安装并为终端供电，然后等待氢气进入家庭和工厂。对于那些想要升级能源系统，而且相信未来技术会进步的人来说，这是一个不二之选。我计划在家里安装一个燃料电池系统，因为甲烷的成本是家里电费的1/3，所以一台能够允许你在不同能源之间任意转换的机器可以帮你省下很多钱。

还有一些固体氧化物装置可以实现可逆工作，既可以作为燃料电池，又可以用作电解槽。这些可逆燃料电池将对太空探索起到至关重要的作用，可为航天器提供动力，并为星际旅行中的航天员提供氧气。而且在家庭生活中，这些燃料电池也大有用处，因为有了它们，我们就可以在电力、热量和氢能之间随意进行能量转换。

以上就是我们的氢能工具箱。氢的制取方法有很多，使用方法也很多。我们可以用泵、管道和船来运输，用储罐和洞穴来储存。

最重要的是，这个工具箱可以通过电解和燃料电池实现氢能和电能的转换。这意味着，我们可以利用廉价和丰富的可再生能源获得氢气，反过来又用氢气为可再生能源行业打开新的市场。电转气（P2G）或电转液（P2L），以及它的反向供电，将是新型脱碳能源系统的关键。

这样一来，氢就能帮助改变当今脆弱而支离破碎的能源系统。有了这个奇妙的氢分子，我们就可以延伸可再生能源的触角，利用沙漠的阳光和海洋的风，将天然气和电力绑定到一个强大而灵活的混合网络之上，甚至可以实现旅行、家庭和工业脱碳，最终实现全球净零排放，让我们有机会摆脱气候危机。

3

第三部分

氢能大有可为

第 12 章　氢和电：一对能量组合

第 13 章　新的石油

第 14 章　让材料更绿色

第 15 章　季节性大作战

第 16 章　绿色道路

第 17 章　绿色海洋

第 18 章　绿色天空

第 19 章　火箭科学

第 20 章　安全第一

The Hydrogen Revolution

氢能

The Hydrogen Revolution

革命

氢 能 革 命

———

第 **12** 章

氢和电：一对能量组合

氢和电可以结合在一起，形成一个强大的耦合能源网络，让我们的能源供应更环保、更顺畅、更便宜。氢和电的结合将帮助实现太阳能和风能的长距离运输，让我们能够从可再生能源禀赋的地区获取更多的绿色能量。同时，氢和电的结合还可以平息间歇性波动，让电网更灵活也更强韧。

位于欧洲大陆西北部的北海提供了许多海上风力发电的有利位置——例如距英吉利海峡东约克郡海岸 125 公里的多格滩。这里的海水只有 15~36 米深，足够安装传统的固定基础风力涡轮机。这里的天气也差得离谱，几乎全年都在刮大风。

多格滩应该很快就能建立起可行的净零能源网络。投资者计划在这里建造大型风力发电场，并用电缆将其连接至一座人工岛。一到两条特高压直流电缆会将把电力输送到陆地，如英国和荷兰，可能不久后会到比利时、德国和丹麦。

该项目值得关注的是，电力到达海岸后不会被直接注入欧洲电网，而

氢能革命

是通过电解水制氢，每年制氢 80 万吨。随后，将氢气通过现有的管道主要输送到德国的鲁尔地区，以支撑钢铁和水泥产业等重工业。剩下的氢气则将为氢燃料电池汽车提供燃料补给。

这个项目显然具有革命性，但 Aqua Ventus 海上风电制氢项目要更胜一筹。既然我们需要的是将电力转化为氢气，为什么不直接把电解槽放到海上呢？这就是位于德国黑尔戈兰岛的一个巨大的 1000 兆瓦海上风能 - 氢枢纽的设计理念，该枢纽旨在通过海上风能生产绿氢，并通过专用管道将其输送到陆地上。

那么问题又来了，如果我们把电解槽放到海里，为什么不把它们直接和风力涡轮机结合起来呢？这正是牡蛎项目（Oyster Project）想要做的——将风力发电公司 Ørsted、西门子歌美飒（Siemens Gamesa）、电解槽制造商林德电力和咨询公司元素能源（Element Energy）联合起来，他们将开发和测试一种兆瓦级的小型电解槽。这种电解槽被专门加固以适应海洋环境，通过与单个涡轮机相结合，并配有一个脱盐系统，可以电解海水。

这三个项目都是分子与电子结合的早期尝试，让人们看到了希望。氢和电这对"能量 CP"将一起运输和储存风能（欧洲最便宜的可再生能源之一）产生的可再生电力，尽可能使用现有的管道基础设施，缓解电网的用电高峰，并为需要氢的客户提供廉价的绿氢。

"抓住"天气

可再生电力的挑战之一是长距离运输，不光成本昂贵，而且能源损耗大。如果你在家附近安装可再生能源基础设施来避免长距离运输，你可能会错过最好的资源——海上风力。如果在海岸线附近安装风力发电机来节省运输成本，不光风速低，空间也不够。如果去离岸更远的地方，那确实可以利用更大的风能，也有足够的空间来建造真正的巨型风力发电场，但将电力输送到海岸的成本又非常高。

氢气解决了这个难题，因为将氢气注入管道可以比电缆传输更多的能量，而且价格也更便宜。如果有现成的输气网络，运输效率会更高。现在，欧洲有大约 20 万公里的高压输气管道，也有连接北非和南欧的天然气管道，这些管道一直延伸到北海的石油和天然气设施，都可以用于输送氢气。

所以，氢气运输的成本并不高。据《欧洲氢能主干管网》研究报告估计，基于现有存量基础设施，目前通过管网运输氢气的成本仅为 0.1~0.2 欧元 /（千克·千公里），这大约是通过电网输送能源成本的 1/8。同时，绿氢的生产成本约为 4~5 欧元 / 千克，所以与生产成本相比，管道运输成本很低。

虽然生产绿氢时会有一些可再生能源损耗（因为电解槽的转化效率大约是 70%），但将可再生能源转化为氢气仍然具有成本效益，特别是对在技术上具有挑战性或电气化成本昂贵的行业。在难以修建额外输电线或当地居民不愿使用输电线的地方，通过管道运输氢气也很有吸引力。

长距离运输可再生能源的能力为我们开启了拥有世界上最优质资源的版图——北海，当然还有沙漠。早在 1986 年，在切尔诺贝利事件后，德国物理学家、跨地中海可再生能源合作组织的创始人格哈德·克尼斯（Gerhard Knies）就计算出，仅在 6 小时内，沙漠从太阳获得的能量就超过了人类的全年消耗量。撒哈拉沙漠是世界上阳光最充足的地区。它的面

氢能革命

积超过 900 万平方公里，每年可享受 3600 小时的阳光。

撒哈拉沙漠也是地球上风力最大的地区之一。在摩洛哥、阿尔及利亚、突尼斯、利比亚和埃及，一些地区的风速可与地中海、波罗的海和北海部分地区相媲美。

自然资源禀赋的潜力是惊人的，但向欧洲出口可再生能源的计划还处在起步阶段。"沙漠科技项目"于 2009 年提出，最初项目计划耗资 4000 亿欧元在北非生产 100 吉瓦的可再生能源。由于这个项目规模过于庞大也过于复杂，因此电力运输的成本极高。如今，该项目已经进入了第三阶段，开始考虑以氢气的形式运输能源。

正如我们所看到的，氢气运输比电力运输便宜，只是在转换过程中会有一些能量损失。而且如果把氢再转换成电，损失会更多。在短期内，也许可以用"虚拟化"来解决这个问题。

虚拟现实

斯纳姆有一个名为 PPWS 的计划，字面意思是把太阳能电池板放在阳光充足的地方（Put the Panels Where it's Sunny），涉及一种利用现有管道基础设施将可再生能源从北非出口到欧洲的虚拟方式。那么它是如何工作的呢？项目的第一部分类似于"沙漠科技项目"的概念，涉及到在北非安装电池板。在一定的成本下，这比在德国安装电池板的效率高出约 80%。因为太阳能充足，土地价格低廉，大面积的设施也更容易安装和维护。

然而，生产出来的低价可再生能源不会以电力甚至氢气的形式出口，而是被用来取代当地老旧低效的发电厂发电的天然气。这些被取代的天然气可以在不需要额外基础设施的情况下输送到欧洲（下图显示了欧洲现有的天然气管道系统），在更高效的欧洲发电厂发电。

总的来说，这种方式也可以节省一部分费用。今天，将 100 亿欧元的太阳能投资从中欧转移到北非，将会多产生 80% 的可再生能源。与此同时，还能向欧洲输送 43 亿立方米的天然气，而欧洲的发电站将比北非多产出 7 太瓦时的电力。这是一项宏大的贸易协议，与最初在中欧投资 100 亿欧元用于太阳能电池板的方案相比，这项协议能减少约 40% 的碳排放，而且还将支持欧洲促进相邻地区经济发展的政治战略，为其关键能源部门的经济增长做出贡献。

欧洲现有天然气管道系统地图

图片来源：Geo4Map（地质制图平台）

氢能革命

这种虚拟的能源交换很容易奏效，但只能在一些方面实现净零，目前还需要燃烧化石燃料。下一阶段，我们将以氢气的形式出口可再生能源。对于欧洲和北非来说，这相对容易，因为地中海下现有的管道可以 100% 被改造成为用于输送氢气的管道。

还有一些操作上的问题。比如，在沙尘暴过后，如何清理太阳能电池板？电解用的水从何而来？有些事情可能比我们想象的更难，但也有些事情可能比我们想象的简单。例如，电解海水脱盐仅仅会使氢气的最终成本（包括盐的处理费用）增加 0.01 美元 / 千克。

很明显，将沙漠中的太阳能转化为氢气运输，是一种获得世界上最优质的可再生能源的绝佳方式。北非国家的政策制定者正开始按照这些方式思考。现在，我们等待着真正的投资决定，将这样一个项目从"电子表格土地"落实到真正的建筑工地。

平衡

我们可以利用天然气网的容量和灵活性来管理可再生电力的其他限制，比如间歇性。其实可再生电力的间歇性在今天还不是什么大问题，因为欧洲的大部分电力是由天然气产生的，很容易启停以保持供需平衡⊖。但随着脱碳的进程加快，化石燃料产生的可控电力将会减少，因此我们将

⊖　然而，间歇性的可再生能源正在导致一些相当疯狂的能源成本波动。以英国为例，2021
　　年 1 月 6 日，高需求和低供应导致晚上电价飙升至 1500 英镑 / 兆瓦时；2020 年 2 月，
　　受到风暴"丹尼斯"的影响，电力系统供过于求，电价跌至负值，为 -60 英镑 / 兆瓦
　　时。英国的电力生产商有时候不得不倒贴钱以让人们使用他们的电力，这样的情况在
　　2020 年就发生了 15 次。

需要一些其他方式来稳定欧洲的电力供应。

由于我们越来越依赖间歇性的可再生能源，并使用电力为更多需求状况不同的行业供电。因此，在可再生能源可用的时间和我们需要它们的时间之间，会出现越来越多的不匹配。

如果想在电网中解决这个问题，我们需要以电池、抽水蓄能等形式增加储能；然后，我们还需要加强电网的输电能力——增加更多的输电线路，以应对巨大的电力流动。这就需要额外的电缆和电池，并产生昂贵的成本。只有在经常使用的情况下，电缆和电池的安装才比较有价值。但是，那些不需要经常使用的情况呢？如果一周都没有风呢？如果寒潮把太阳能电池板埋在了雪里呢？

不用担心，我们还有"分子"网络可以填补空缺。

目前，天然气网已经可以储存一些可再生能源，不是以化学形式，而是机械形式（压缩空气储能）。它的作用就像弹簧，可以把气体压缩到5~70个标准大气压之间。如果压缩机是电动的，这种灵活性就可以转移到电网。在可再生能源生产过剩的时候，比如意大利南部一个阳光明媚的中午，可以使用压缩机将更多的天然气挤进管道，从而增加压力；当电力不足时，只需关闭压缩机，让气体膨胀带动发电机发电。还可以让压缩机使用双燃料，既能使用天然气也能使用电力，增加另一层灵活性。斯纳姆（Snam）正在这样做，这样，我们就能优化电力需求来帮助解决电网的问题。

当天然气网携带氢气时，这种结合会变得更加有效。将可再生能源转化为绿氢，通过电网输送，并在发电厂燃烧以达到发电峰值，或者利用电网级燃料电池发电。的确，在这个过程中会损失很多电力，剩余电力可能只有初始值的60%左右，但即便如此，它的成本可能仍然比使用电池、

氢能革命

抽水蓄能和重新购买大量新电缆要低，这取决于备用电源的使用频率。

下图比较了两种不同的缓解可再生能源间歇性的方法——一种是使用电池，另一种是将电力转化为氢气储存，然后通过燃料电池将其转化为电力——并展示了两种方法的成本结构。左边的两根柱状图显示的是以日为周期，不同方法的对比情况，而右边的两根柱状图则以周为周期。左右柱状图的主要的区别在于电池成本，电池的日成本是 120 美元 / 兆瓦时，而周成本是 700 美元 / 兆瓦时。以日为周期，氢气运输和储存成本较低，将电力转化为氢并将其转化回来的成本较高；但若以周为周期，来回转换显然是值得的。这就是为什么不能仅仅使用电池和抽水蓄能来缓解电网的间

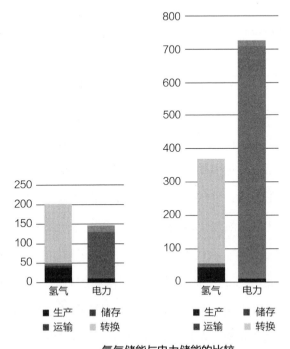

氢气储能与电力储能的比较
左：以日为周期（美元 / 兆瓦时）；右：以周为周期（美元 / 兆瓦时）

歇性。对于偶发或季节性的事件,我们需要一些可调度的电力。

终端客户可以使用双燃料系统来减轻电网的压力。家庭、办公室和工厂可配备与电网、氢网和可逆电解槽/燃料电池的不同连接设备,以方便转换。斯纳姆正与埃森哲、微软和思科合作开发人工智能系统,以在电网和氢网之间进行无缝优化。正如我们在第 5 章中看到的,电价波动很大,当一个发电站试图以 4000 英镑/兆瓦时的价格出售电力时,对人们来说,可以用氢气发电的燃料电池将是一个更好的选择。未来,电力的成本还会继续下降,因为电力企业会继续尝试用更便宜的方式输送可再生能源。

做市商

氢气不光连接了电力和天然气世界,还在大宗商品、技术和公司之间架起了桥梁,它将决定未来能源的定价。在伦敦的电力交易平台上,电力价格无时无刻不在变化,它取决于天气、天然气价格、煤炭价格、二氧化碳成本、核维护成本、运输和储存选择等因素。在氢能的世界里,因为氢气可以转换成电力或直接代替电力,所以无论氢气是储存的、进口的还是本地生产的,电力的价格都将受到氢气可用性的限制。电力价格也将由氢气支撑,因为氢气随时可以吸收低成本的电力并易储存。这是一件好事,因为这样一来能源价格就会趋于平稳。

氢能还在以一种良性的方式改变着能源领域的动态。一般来说,公用事业公司由地区或国家控制,它们之间并不会真正合作。相反,它们相互竞争,以获得资产的全部所有权。当我从意大利国家电力公司(Enel)跳槽到埃尼石油公司后,我发现石油公司会与其他石油公司建立合作,以此

氢能革命

来分担建设数十亿美元项目的风险。

现在，有了氢能，能源公司不再单打独斗了。在意大利，斯纳姆正在与 Terna 电网合作，共同模拟未来能源的场景；荷兰天然气公司（Gasunie）和电网公司（TenneT）进行了一项研究，研究氢能和可再生能源如何帮助荷兰完全脱碳；埃尼集团和意大利国家电力公司签署了一项协议，将氢气输送到炼油厂；丹麦沃旭能源公司（Ørsted）和英国石油公司也签署了相关的协议；道达尔能源（Total Energy）和法国液化空气公司（Air Liquide）正在推出一个以氢能为重点的投资平台。

这种新的互联合作商业模式有助于简化能源计量单位，将数字转换成一个可被合作伙伴理解的系统；也使之前保守的能源世界更加开放，与亚马逊和苹果一样，建立一个连接消费者（的钱包）和不同供应商的生态系统。这些交叉发展的业务往往会催化更多新的想法。这种互通互联的方法能够将深度专业化与多学科的能力结合起来，已成为现代能源公司的一项基本技能。我们正在与高校合作，开发跨专业的能源转型课程并设立了学位。这让我想起了 500 年前的意大利。列奥纳多·达·芬奇身兼数职：既是博物学家，又是发明家和艺术家；既是观鸟者，又是造翼者——他是文艺复兴的代名词之一。我希望，我们能把这种多学科的"魔法"带到氢能的转变中。

氢能革命

第 **13** 章

新的石油

石油和天然气塑造了全球政治格局，而可再生能源则主要是一项本地业务。通过太阳能和风能的长距离运输，氢能将成为能源界的"新主角"，给那些上一次错过资源"彩票"的人第二次机会。

能源和全球政治有着千丝万缕的联系，这是不可避免的。历史上有无数的例子，温斯顿·丘吉尔（Winston Churchill）将英伊石油公司（英国石油公司的前身）收归国有，以确保对英国皇家海军（Royal Navy）石油供应的控制权。

欧盟几乎每年都会采取一些外交行动，试图摆脱对俄罗斯天然气的依赖，但效果不太明显。2010 年，俄罗斯供应了欧盟 21% 的天然气需求，这一比例现在涨到了 34%。我们已经经历过一场长期的"能源冷战"，当时美国与世界石油储备量第一的沙特阿拉伯交好，而俄罗斯则与油气巨头伊朗交好。现在，由于美国发现了巨大的页岩油气资源，摇身一变，从能源进口国变成了能源出口国，一种新的能源格局正在出现。由此一来，俄罗斯和沙特阿拉伯关系回暖——两国正共同努力，试图重

氢能革命

新平衡这个充斥着美国油气的市场。与此同时，欧洲和美国正在考虑一项倡议，想要为全球各地的基础设施提供资金。[1]能源和地缘政治之间的关系十分微妙，这在2021年4月美国总统乔·拜登（Joe Biden）发起的领导人气候峰会上得到了充分展示，与会的40位国家和国际组织领导人来自英国和欧盟，还有俄罗斯、中国和沙特阿拉伯等。

对于全球政治来说，能源是十分重要的推动力。照明、农作物种植、制造业和交通出行……我们生活的方方面面都离不开能源，而且，它可能会越来越重要。随着自动化和人工智能的兴起，廉价和熟练的劳动力将不再是全球市场上的主要竞争优势；相反，廉价能源才是。随着劳动力成本变得越来越低，能源成本变得越来越高，能源成本和经济增长之间的关系将变得越来越密切。

所以，世界各国的外交部长们一直试图通过一份地图来引导全球秩序。该地图上标有油气资源禀赋的地方，尤其是海湾国家、俄罗斯和美国。

但这其实是在试图解决昨天的问题。政治家们应该着眼于一张不同的地图，显示哪些国家将是可再生资源最丰富的国家，具有利用太阳能和风能制氢的潜力。

为什么要换地图呢？部分原因是，我们正在迈进一个新的时代。在这个时代，可再生能源的生产成本将比大多数化石燃料更低[⊖]。但即便如此，可再生能源发电还是只能作为一项本地业务。真正改变游戏规则的是氢气，它使得我们可以通过管道或船只来长距离运输阳光和风。氢气可以将可再生能源转化为新的石油。这不仅是一种主要的能源形式，而且可以在

⊖ 一些中东石油和俄罗斯天然气的生产成本不到1美元/兆瓦时，比世界上任何地方的可再生能源都要便宜。

全球范围内进行交易。

这些特质引起了石油商的兴趣。

当我收到邀请邮件，参加世界上最大的能源会议——剑桥能源研究协会周（CERA Week）时，我发现，时代真的开始变化了。

如果可再生能源能够变得全球化并可交易，就有可能从根本上改变经济强国之间的平衡。对于任何拥有大量可再生能源的国家来说，包括许多非洲、中东、南美国家和澳大利亚，这都是一个充满希望的前景。我们不仅需要一张新的能源供应地图，我们还需要一张能源需求地图，因为世界上一些地区将迎来人口和经济的快速增长。

当我们把新的"绿色石油"供应叠加到新的需求中心时，我们得记住，管道运输比交通运输液氢和液氨更便宜。因此，氢市场会有点像天然气市场，由管道连接区域系统，把液氢运往全球。

非洲游戏

非洲将成为氢能全球秩序的新支点，因为非洲拥有丰富的资源。虽然有点啰唆，但我还是要再说一遍，撒哈拉沙漠是世界上阳光最充足的地区。此外，在能源需求方面，非洲将是一个有吸引力且不断增长的市场。在接下来的 80 年内，非洲大陆的人口预计将翻三倍，达到 30 亿。那时，尼日利亚将会成为全球人口第二多的国家。[2] 2030 年，5 个非洲城市的人口将超过 1000 万，还有 12 个城市则将超过 500 万。可再生能源会迅猛发展，来满足这个巨大且不断增长的非洲能源市场，并有额外的能源用于出口。

这场能源革命对非洲大陆的影响超乎我们的想象。

氢能革命

首先，太阳能资源的分布比化石燃料公平得多。像索马里和埃塞俄比亚这样的非洲国家，在第一次"资源抽签"中表现不佳，但现在有了第二次机会生产自己的能源。而且，非洲大陆内部的力量平衡也将有所改变。

修建输电线路相对昂贵，而非洲的面积又非常大，再加上非洲的能源需求并不像北欧那样具有季节性，所以分布式能源系统能发挥更大的作用。通过使用太阳能电池板或连接到更小的地方电网，家庭可以实现自给自足。我认为，氢气还将在满足当地能源需求方面发挥重要作用，主要是支持能量储存及能源安全。

氢气的首要任务应该是为非洲自身发展提供清洁能源。人们已经进行了太久的掠夺性和采掘性交易，现在，可再生能源的开发应该有利于而不是损害当地人民。这意味着，我们在使用土地、水和其他资源时要格外小心，也意味着，人们要确保非洲国家受益于新的就业机会、培训、当地供应链的发展和更高的能源安全性。

额外的出口

在能源地图上，太阳能和风能充足的地方正好与当前的石油和天然气生产地重合，这是一个好消息，因为在我们逐步淘汰化石燃料生产的同时，太阳能和风能可以给这些地区带来新的活力。这也意味着我们可以复用一些相同的基础设施。产油国喜欢氢能，因为氢能可以帮助他们开发大量的太阳能或风能资源。位于北非、波斯湾的国家和澳大利亚已经开始了这项工作。

沙特阿拉伯正在大力发展氢能源。迄今为止世界上最大的绿色氢能项目将建在 Neom（一座工商业新城，意为"新未来"），由可再生能源巨头沙特国际电力和水务公司（ACWA）和空气产品公司（Air Products）施工建设，旨在建立沙特阿拉伯西北角的"可持续生活新模式"。这个项目耗资 50 亿美元，占地 80 平方公里，集成了 4 吉瓦的太阳能和风能可再生能源。通过转换可再生能源，每天可生产 650 吨的氢气，然后再通过蒂森克虏伯 - 迪诺拉技术，添加氮气制氨，并出口到世界各地。

澳大利亚也已经决定利用太阳能生产氨进行出口。澳大利亚每平方米的日照比绝大多数地方都要多，南部和西部海岸的风能也很充足。如果可以向日本和韩国出口太阳能，澳大利亚可以获利颇丰。这两个国家都依赖进口的化石燃料，自身生产可再生能源的潜力也有限。两国已经意识到，实现净零排放的最佳途径是用氢能替代化石燃料，而日本的目标是到 2050 年实现用氢来提供 40% 的能源。在澳大利亚，已经至少有 3 个与日本合作的项目——川崎重工（Kawasaki Heavy Industries）和澳大利亚的起源能源公司（Origin Energy）正在昆士兰合作一个 300 兆瓦的电解槽项目，岩谷公司（Iwatani Corporation）正在与格莱斯顿的斯坦威尔公司（Stanwell Corporation）合作，而三菱重工（Mitsubishi Heavy Industries）正在投资南澳大利亚州的艾尔半岛门户项目。

管道政治

上面已经说过，管道是长距离输送氢气的最有效方式。石油管道对地缘政治的影响和对资源可用性的影响一样大，因为管道可以将生产者和消费者紧紧联系在一起。这种永久性的连接在一定程度上限制了双方的谈

氢能革命

判能力，不过这个问题可以通过多个供应源和多个出口路线解决。但连在一起也有好处，最起码能防止管道两端的国家闹翻，因为不管矛盾有多激烈，他们都是"一条绳上的蚂蚱"。

在我之前的工作中，我的职责之一是运营从俄罗斯到欧洲的天然气进口管道，即使在两个地区对立最激烈的时候，天然气供应管道仍然是安全的。在 2011 年利比亚战争期间，我还运营着从利比亚到西西里岛的"绿溪"（Greenstream）管道。那段时间并不太平，但从来没有人真的想要把天然气出口路线作为攻击的目标。从埃及到以色列的管道（和平管道）已经和平运营多年，将埃及的天然气源源不断地输送到以色列。而现在，人们在以色列发现了大量天然气，这一关键战略资源正以另一种方式流动。

地中海东部发现的天然气储量十分庞大，所以人们开始讨论一个新的管道项目，把这些天然气输送到欧洲。这看起来是一个艰巨的任务，因为欧洲远在 1900 公里之外，而且大部分管道需要在水下修建。许多其他已经建成或正在建设的项目也是如此。"土耳其溪"管道耗资 135 亿美元，长 930 公里；而"北溪 2 号"管道总长度为 1224 公里，耗资 105 亿美元。

这个项目可以用于未来的氢气输送。正如 Neom 氢气出口项目所证明的那样，中东拥有如此丰富的碳氢化合物，有望赢得第二次的"资源抽签"。我曾在阿联酋和沙特阿拉伯待过一段时间，在这两个国家，能源企业的高管们正致力于摆脱对石油的依赖，实现业务多元化。

欧洲没有太多的化石燃料，只能高度依赖进口能源。这引起了很多人的反思，尤其是在与俄罗斯的关系上。东欧国家正从美国购买昂贵的液化天然气，宁愿支付溢价，也不想再依赖俄罗斯。德国遭受了来自欧盟内部巨大的压力，要求停止"北溪 2 号"天然气管道的建设，而这条管道将使从俄罗斯直接通往德国的天然气供应增加一倍。

在欧洲大陆努力实现能源独立的背景下，有一些人一厢情愿地认为，可再生能源革命能够改变欧洲与相邻地区的关系。我认为，虽然在某种程度上会降低使用效率，但追求能源独立才是最佳选择。

德国：求"氢"若渴

如果每个国家都将可再生电力作为其能源转型的国家战略，虽然听起来不错，但其中的低效可能会使政策陷入僵局。德国黑森林地区的太阳能电池板每年的有效产能时长为 1000 小时左右，而阳光更充足的北非国家几乎是其两倍。

但我也不看好"完全能源独立"，主要是担心产生的问题会比要解决的问题多。即便实现能源独立，我们也不可能不再需要与邻国交往。需要能源的人是有依赖性的，卖能源的人也是如此。在阿尔及利亚、利比亚、埃及和海湾国家，很多年轻人的需求日益增长，这给政府开支带来了很大压力，而政府开支主要来自石油和天然气的销售收入。随着油气生产收入开始下降，这些国家怎么办呢？这些地方本就脆弱的产业平衡可能会被打破，更多人会选择移民，社会安全性也会下降。诚然，通过购买这些国家的能源，我们接触到了这些国家潜在的国内不稳定因素，但我们经常会低估能源贸易对生产者和消费者的重要性。

而且，如果不创造一个全球规范性标准市场，我们将面临本土可再生能源成本差异巨大的风险，因为其效率是因地而异的。除非能以一种公平的方式消除其中的不平衡，否则也只是把这些国家的资源拼凑在一起艰难

氢能革命

地进行经济不平衡的贸易而已。

因此，我非常支持德国在脱碳方面的这种务实态度。德国是欧洲的工业强国，需要廉价能源来制造汽车。如今，德国约 60% 的能源需求依靠进口，并且严重依赖国内核电、褐煤和煤炭——而这些都是要被逐步淘汰的能源。2011 年日本福岛核事故发生后，核能在政治上没了立足之地，到 2022 年底将退出德国的能源结构。2020 年 7 月，德国议会通过《减少和终止煤炭发电法》（退煤法案），预计最迟在 2038 年，其国内所有燃煤发电厂将被关闭。与此同时，由于 2015 年的"柴油门"（Dieselgate）丑闻（当时大众汽车承认在美国排放测试中作弊），德国许多城市已经明令禁止了老款柴油车。

这样一来，在一个严重依赖能源进口的国家，许多高碳排放能源几乎在同一时间开始被淘汰。虽然德国的海上可再生资源丰富，可以填补部分空白，但陆上可再生能源将受到土地使用和邻避主义[⊖]的限制。不管怎样，德国都需要进口大量能源，而且必须是可再生能源。

所以德国是第一批明确指出需要进口可再生能源的国家之一，并将其置于氢能战略的中心。德国政府在氢能上投入的 90 亿欧元中，有 20 亿欧元是专门拨给德国以外地区的。德国官员已经访问了北非、西非、中东甚至澳大利亚，在那里他们已经启动了一项有关氢桥（Wasserstoffbrücke）的联合可行性研究。

此外，最引人注目的项目是在刚果民主共和国建造的水力发电厂。这一项目将把大量绿氢从非洲出口到德国。建成后，该发电厂将成为世界上

⊖ 又称"别在我的后院"主义，即人们支持政策目标，但不愿意在他们居住的地方附近安装电池板和涡轮机。

最大的水电站，其装机容量将为 44 吉瓦（4400 万千瓦），是中国三峡大坝的两倍。[3] 但是，这个项目需要牺牲当地的居民用地，所以也备受争议。

"重要玩家"

如果说非洲和中东是氢经济的新亮点，那么中国、印度和美国等国家也不甘示弱。

中国能像开拓可再生能源一样，成为氢能源的开拓者吗？中国的光伏装机容量从 2012 年的 4.2 吉瓦增长到了 2020 年的 250 吉瓦 [4]，预计到 2024 年可达到 370 吉瓦，是同期美国预计装机容量的两倍。中国幅员辽阔，可获得的太阳能非常多。除此之外，中国的制造能力也非常强，目前生产的太阳能电池板占全世界的 60%，以后也可以转为生产电解槽。而且中国潜在的氢需求也并不缺乏，中国政府已经宣布，计划到 2025 年氢燃料电池汽车保有量约 5 万辆。虽然这对全球汽车总保有量来说只是沧海一粟，但对氢需求来说却是一个巨大的飞跃。在中国政府努力争取 2060 年前实现碳中和的过程中，氢能将占据显著地位。

"一切皆有可能"的印度是一个充满能源悖论的国度。他们已经在用水电资源（喜马拉雅冰川融水）制造出比煤制氢更便宜的绿氢，但有些人却仍在燃烧农业废弃物做饭，造成了严重的空气污染。印度和许多发展中国家希望他们能够从世界上最古老的能源系统跃升为最新的能源系统，就像非洲的固话已经成功升级为手机，零售银行可以通过 M-Pesa 汇款一样。

美国拥有沙漠、阳光和海风，还有世界上最成功的商业、企业创新氛

氢能革命

围和灵活、熟练的劳动力市场。能源创新一直都来自于美国。石油时代始于 1901 年得克萨斯州斯平德托普（Spindletop）的石油喷发。迄今为止，美国是世界上唯一一个在页岩油和天然气生产方面取得成功的地方。这里流动着数十万具有创业精神的能源产业工人。

显然，把电子表格变成现实并不是一个简单的过程。我们会面临政治风险、水资源可用性、电解槽制造过程中的障碍、物流和沙尘暴等问题，但这是一个绝佳的机会。氢气运输的便利性意味着人们可以创造一个流动的全球能源市场，连接各大洲，将太阳能和风能从最丰富的地方输送到最需要的地方。

正如澳大利亚科学院前首席科学家艾伦·芬克尔（Alan Finkel）所说的那样，"氢能最奇妙的地方，就是它能够让我们继续做我们已经做了几百年的事情，即将能源从储量丰富的地方运输到供应不足的地方。"[5]

第 14 章

让材料更绿色

随着人口增长和城市化进程的加速，世界将需要越来越多的钢铁和混凝土，以及塑料、燃料和食品，而这些都是通过碳密集型工艺制造的。可再生能源并不是救世主，但清洁的氢介入可以替换污染严重的灰氢，并取代用于炼铁和产生高温的化石燃料。

城市风光一直延伸到地平线以外；供自动驾驶汽车使用的多层道路纵横交错，通向一排排高耸的摩天大楼；在音乐厅的圆顶轮廓后面，是巨大的起重机和繁忙的码头；人们在垂直农场的自动化温室里种植着蔬菜；一架架无人机在头顶嗡嗡作响，载着一周的物资，穿越 50 公里的郊区……这座巨大的未来城市建立在最轻的地基上。

到 2050 年底，地球上将有 2/3 的人口在城市生活，比 2021 年增加 25 亿。为了保证这些人的住房，从现在到 2050 年，每年要建造四个巴黎大小的城市。但这所有的一切都基于一个前提：我们拥有足够的混凝土、钢铁、塑料、食品和能源，可持续且价格合理。因为尽管这些未来建筑的

氢能革命

外观极其科幻，但实际上，建筑物和里面的结构还是主要由我们今天使用的材料制成：铁、塑料、混凝土、陶瓷和玻璃。这所需的原材料数量并不是一个小数目，而我们需要完全通过可再生和低碳工艺来生产。

当然，即使人口增长没有带来城市化，我们也可能会需要这些材料。但未来城市对我们来说是一次试炼：如果我们不能以可持续的方式建造城市，我们就不能以可持续的方式生活。

如今，大多数原材料的生产是一项"既热又脏"的工作，需要大量的化石燃料为原料，还会产生超过650℃的高温（行业内称为高位热能）。工业排放的二氧化碳约占全球排放总量的22%。

在工业内部，大约一半的排放来自钢铁、水泥和塑料。其他排放污染物的行业包括采矿和采石、建筑、机械制造和纺织。

考虑到我们需要大量的材料来建造超大型城市，以及它们之间的道路、桥梁和铁路，我们几乎没有办法避免气候变化，除非我们找到一种新的低碳、清洁的方法来制造这些材料。

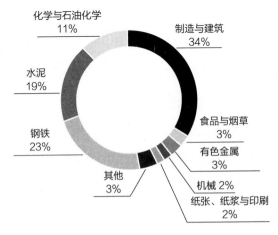

2019年工业部门估算 CO_2 排放总量

这肯定不是一件简单的事。绿色电力在我们的家庭和交通出行中都非常有用，但在制造业中并不适用。你不能用它来代替大多数化学过程中的分子，就像你不能用电池来代替香蕉一样。虽然用电加热可以达到制造业要求的高温，但既困难又昂贵。

绿钢

"无论是开会还是吃芝士汉堡，每当听到我们可以做些什么来控制全球变暖，我总是会问这个问题：你对钢铁方面的计划是什么？"[1]

——比尔·盖茨

钢铁对我们的生活至关重要，不论是建筑物、桥梁、汽车还是其他方面。但是，目前的钢铁却一点都不清洁。

要用铁矿石炼钢，你首先得炼铁。在矿石中，铁原子与氧原子结合在一起，想要分离它们需要还原剂——一种可以从铁氧化物中夺走氧原子的化学物质。在高炉中，铁矿石会被加热到大约 2000℃，然后通过燃烧焦炭（一种由煤制成的燃料）来还原。焦炭燃烧产生的一氧化碳会作为还原剂，产生一种富含碳的脆性金属，即生铁。在这个过程中排出的废气被称为"工厂废气"（WAG），主要由二氧化碳和有毒的一氧化碳组成。这种废气用途广泛，经常被输送到邻近公司，用来发电和生产甲醇。但这样做的结果就是，排放了大量的二氧化碳。将氧气泵入熔化的生铁中，会带走一部分碳，并将其转化为钢铁，但在这个过程中会释放出更多的二氧化碳。

氢能革命

我们对钢铁的需求量与日俱增。2019年，全世界共使用了近19亿吨钢铁，比2018年增长了近3.5%。每吨钢铁平均排放约1.85吨二氧化碳，2019年的二氧化碳排放量就是35亿吨，约占全球排放量的9%。[2]到2050年，随着世界各地城市的崛起和扩张，预计需求量将增长40%。

在电弧炉中，电流将废钢熔化，实现回收。钢铁是唯一一种我们可以无限循环利用的建筑材料，而且不会失去机械性能。因此，估计有85%的不锈钢在报废后会被回收利用，这是循环经济的一个很好的例子。而且废品行业已经形成了一个成熟的市场。现在我们知道，可再生资源可以用来发电，这样一来，炼钢过程就清洁多了。

但回收利用受到可用废料数量的限制，所以我们需要找到一种新的、可持续的方法，从矿石中提炼钢铁。目前，我们已经找到了一些直接电解的新方法，例如，可以熔化铁矿石，并通过电流使氧气气泡到达表面，但这些技术还没有得到广泛应用。

现在更有前途的方法是直接还原铁（DRI），有时也被称为海绵铁。在这个过程中，矿石被加热到800~1200℃之间（低于铁的熔点），并泵入还原剂。目前，我们一般用合成气（由煤制成，氢气和一氧化碳的混合物）做还原剂。这仍然会造成污染，但比鼓风炉的污染要小，因为较低的温度意味着更少的燃料，而通过电力可以很容易就能达到这样的温度。在中东，天然气由于价格便宜，也被用作还原剂。这在某种程度上使炼钢过程又清洁了一些，但仍然没有达到我们的目标。

但是纯氢可以实现我们的目标。纯氢是一种优良的还原剂，而且铁矿石中的氧原子与氢原子结合会产生水，而不是二氧化碳。这样一来，人们就可以在电弧炉中加热海绵铁来炼钢。只要电弧炉的电力和 DRI 过程中的氢气来自可再生能源，这就是一个完全绿色的生钢生产途径。

德国蒂森克虏伯和瑞典 SSAB 钢铁公司是对氢炼钢技术探索的先驱。SSAB 已经在瑞典建立了一个试验工厂，打算向无化石炼钢迈进。与此同时，跨国巨头安赛乐米塔尔欧洲公司也正在开发 DRI 产能。

我们仍然需要削减成本。目前，SSAB 试点工厂生产的绿色钢材可能会比普通钢材贵 30% 左右。钢铁企业尤其无力承担额外的费用，因为激烈的国际竞争使得它们的利润率极低。幸运的是，政府正在提供帮助，尤其是提供钢铁公司所需的初始资本投资，因为钢铁公司不能只用旧的熔炉来进行 DRI，也需要建造新的工厂。

欧洲和美国目前这一代高炉的使用寿命即将结束，正好可以开展新建。在欧洲，整个行业都需要更新。到 2030 年，欧盟的成员国（现有 27个）中预计多达一半水泥、钢铁和蒸汽裂解厂需要大规模再投资。

后疫情时代，各国政府纷纷向绿色经济注入资金，这也起到了很大的作用。钢铁厂最需要这笔资金，因为如果钢铁厂能够变得更加环保，就将持续发展，保留就业机会，并给氢经济带来活力。欧洲有很大一部分资金将用于钢铁行业，以便转向氢和电弧炉生产的同时，又不至于破产。

但是，就算钢铁厂能够在初期推动绿色生产设施的建设，它们仍然需要为能源支付更多的费用。因为在未来一段时间内，氢燃料的价格仍将高于化石燃料。怎么才能具备竞争力并获取收益呢？

我们可以制定碳价。这是对二氧化碳排放施加的额外成本，这些附加成本将使清洁能源更具竞争力。欧洲已经通过碳排放交易体系（ETS）对一些行业征收了碳价，而且价格一直在上涨。2020 年，欧洲的平均碳价

氢能革命

约为 30 欧元 / 吨；到 2021 年 4 月，已逼近 50 欧元 / 吨；到 2030 年，很可能达到 80~100 欧元 / 吨，高于 2050 年的水平。因此，在欧洲，考虑到二氧化碳排放会变得越来越昂贵，氢炼钢很可能会在 2030 年至 2040 年间在成本上实现平价竞争。

如果想让公司更早开始获得竞争优势，我们可以考虑碳差价合同。这大体上意味着，如果一个工厂在 ETS 使其具有竞争力之前转换使用的能源，政府会补差价。

当然，钢铁的竞争是国际性的。因此，一家欧洲钢铁厂决定花高价生产清洁钢根本没什么用，谁也阻止不了其他不那么"清洁"的钢窃取其市场份额。

这种担忧促使经济学家（以及受 ETS 价格上涨影响的行业团体）主张在欧盟以外对产品制造过程中排放的二氧化碳征税，以此来创造一个公平的竞争环境。这一提议将对国际企业施加压力，要求它们也进行脱碳，以便在进口到欧洲时少支付点碳税。对此，我非常赞成。

与此同时，如果钢铁行业投资于绿色生产工艺，由此生产出来的清洁产品的定价可能会随之上涨。据了解，大众、丰田和其他汽车制造商现在都致力于从整个供应链中消除碳排放，所以汽车行业可以提供一些有意投资的客户。在汽车行业加持之下，绿色钢材的额外成本可能就不会如此可望而不可即了。设想一下，一辆价值 4 万欧元的汽车需要一吨钢材。当前，一吨钢材的价格是 600 美元，而一吨清洁钢的价格是 780 美元，额外的 180 美元（160 欧元）只是这辆车总成本的 0.4%。对于寻求工厂现代化的钢铁制造商来说，汽车市场极具诱惑。

塑料计划

现在回想一下我们未来的城市，放大其中一座摩天大楼，锁定一套单元房和里面巨大的美式冰箱。和大楼里的其他设备一样，这个冰箱是由塑料制成的。尽管最近消费者强烈反对，塑料的使用仍在增长，主要是因为发展中国家生活水平不断提高。现在，每个美国人每年平均使用 139 千克塑料，而在中东和非洲，只有 16 千克。[3]

如果我们不采取任何措施，到本世纪中叶，塑料使用量的增加将导致每年产生多达 40 亿吨的二氧化碳排放。[4] 回收利用和减少使用是遏制这些排放的关键。我的女儿们特别不喜欢一次性塑料，尤其是吸管。在这一点上，她们是对的。塑料瓶、食品容器、咖啡杯和塑料搅拌棒都应该被禁用，这样预计可以减少一半的排放量。

而剩下的问题可以由氢解决。塑料导致二氧化碳排放有三种途径：化石燃料的提取和提炼、处理塑料所需的高位热量，以及塑料的报废分解或焚烧。

氢能可以提供所需的高位热量，还可以作为原料，和从空气中捕集的二氧化碳一起制造绿色塑料[○]。这个过程的关键在于设计复杂的催化剂来加快化学反应的速度。我们可能要等上几十年才能看到这种技术达到商业规模。[5]

那焚化过程怎么处理呢？实际上，这一过程可以产生氢，甚至是可用形式的碳。2020 年，一组来自英国、中国和沙特阿拉伯的研究人员开发了一种将塑料垃圾转化为碳纳米管和氢气的工艺。

○ 你也可以使用生物燃料，但任何生物燃料的规模都会受到原材料可用性的限制。

氢能革命

混凝土

我们的未来城市对混凝土的需求也会增长，而混凝土则是由另一种碳排放"大户"——水泥——制造的。当前，生产水泥造成的二氧化碳占全球排放量的 4%。不幸的是，要想让水泥生产脱碳甚至比钢铁还要困难。制造水泥需要氧化钙，通过燃烧石灰石制取氧化钙会不可避免地释放出二氧化碳。另外，与钢铁不同，水泥很难回收。

实验室里已经开发出了低碳水泥，但还没有达到有意义的规模。现在可以替代水泥的建筑材料包括基于热解捕集的碳等新材料，和木材等传统材料。木材是从空气中捕集的二氧化碳的好归宿。通过新的施工方法，如用各种现代的胶合板把木板粘在一起，木材会变得更加坚固和稳定。以这种方式建造的世界最高建筑在挪威，共有 18 层；而在芝加哥，一个 80 层的项目正在规划之中。[6]

然而，我们不可能在短时间内"甩掉"水泥。氢气不能直接让水泥变清洁，但可以间接地帮上忙。如果蓝氢工业能够启动碳捕集与封存（CCS）技术，蓝氢就可以用于水泥生产，造出低碳混凝土。这似乎是当下最现实的途径，捕集的碳甚至可以用于制造建筑材料。

生活必需品

我们的城市需要钢铁和混凝土，人类也需要饮食，这都会产生碳排放。联合国粮农组织（FAO）估计，为了养活更多的人口，我们需要将粮食产量提高 70%。[7] 增加耕地是不可能的，因为这将对气候和生物多样性产生灾难性的影响。那怎样提高粮食产量呢？答案之一是更多的化肥。

其中最重要的是氨肥。多亏了哈伯–博施法（Haber-Bosch process），每年超过 1 亿吨的大气氮被转化成氨，用于为全球各地的农场生产化肥。

现在，用氢气作为原料可以生产氨，年产量高达 3100 万吨。这里用的氢是灰氢，由蒸汽甲烷重整制成。它相对便宜，每千克的生产成本只有大约 0.6 欧元，再加上生产 1 千克灰氢所用的 4 千克甲烷的成本，现在制氨的总价格约为每千克 2.5 美元至 3 美元。虽然这个价格很便宜，但是其生产方式还是会产生大量的碳排放。在这里，利用绿氢是一个不错的解决方案，不需要对生产过程做任何修改，但是价格相对贵。

因此，化肥公司很可能是首批采用清洁氢的公司之一。世界上最大的化肥生产商雅苒（Yara）正在大力推进绿氢燃料试点计划。该公司已与丹麦能源公司 Ørsted 合作，在荷兰的一家工厂用绿氢替代 10% 的灰氢。这一项目减少的碳排量相当于 5 万辆传统汽车。

当谈到气候变化时，我们通常不会想到工业。我们的大部分注意力都集中在发电和交通运输上。但工业其实至关重要，因为它的规模很大，也很难脱碳，可以推动氢能的发展。在那些氢已经被用作原料的地方更是如此，如化肥厂和精炼厂毋庸置疑已经是一个超级大的市场，用氢量已经达到每年 7000 万吨，价值约 1300 亿美元。在工业领域用绿氢代替灰氢是个开始氢能革命的好方法。

氢 能 革 命

———————

第 **15** 章

季节性大作战

冬季供暖的能源需求巨大，需要季节性储存。目前来说，电力无法满足这种需求，因为当前的电网无法承受这么大的压力。但是某种绿色能源可以。

你可能会认为意大利的生活总是伴随着金色的阳光和露天派对，但实际上并非如此。米兰的冬天太冷了，我一般都穿着滑雪服去上班，还得捧着抹茶拿铁暖手。在冬天的几个月里，我必须得让取暖器一直开着才行。即使这样，我还是得多穿一件毛衣。

在北半球的大部分地区，冬季供暖消耗着大量的能源。而在欧洲，目前能源主要由天然气提供，42% 的家庭都使用天然气供暖。意大利和英国都有发达的天然气网和寒冷的冬天，使用燃气供暖的家庭比例也非常高：意大利是 70%，英国是 85%。

在这两个国家，天然气网在一年的时间里提供的能源大约是电网的

3 倍，冬季天然气网的峰值需求大约是电网峰值需求的 5 倍。一旦遇上寒流，需求还会更大。2018 年，"东方野兽"寒流肆虐欧洲。两周内，意大利的天然气需求增加了 12 太瓦时，相当于多了一整天的需求。

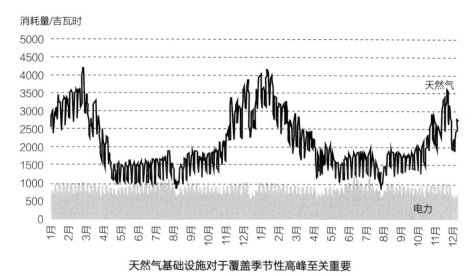

天然气基础设施对于覆盖季节性高峰至关重要

冬季供暖非常重要，但也意味着我们排放了大量的二氧化碳——在英国，冬季供暖所排放的二氧化碳量约占全年排放总量的 20%。当然，如果只看寒冷的城市，这个比例会更高。例如，纽约市排放的二氧化碳量中约有 42% 来自家庭取暖。[1] 所以我们必须想办法让取暖的排放量降低。但是，怎么做呢？季节性波动过于强烈，仅仅通过电力，难以实现供暖脱碳。

我们目前的电网和储存设施也不足以应付批量转换所产生的需求，就算安装比天然气更高效的电加热器也不行——这些设施的设计初衷也并非如此，天然气网的目的是为了应对季节性的能源高峰。在许多地区，天然气网的容量可以达到电网的 10 倍。如果用超大容量的电网取代天然气网，

氢能革命

成本过高。

还有一个问题，那就是我们如何通过可再生能源直接满足冬季供暖的需求。到了冬天，欧洲的太阳能发电能力一落千丈。即使我们在夏季制造了足够的电能，也无法储存。如果想要在夏季储存能量来抵消冬季的额外需求，我们则需要储存 5 倍于现在夏季消耗的能量。电池并不可行，因为对于季节性供暖来说，我们每年只会使用一次电池，而且过于昂贵。如果在冬天使用电池，我们就需要等到下一个夏天再给它充电。抽水蓄能也不能填补这一空白，因为没有足够的山地湖泊和水库来满足这一需求。

在欧洲，我们想要推广一些通电供暖设备来解决能源问题。例如，在购买一套全新的房子时，我们可以安装一个热泵。这个新设备实际上依靠了古老而可靠的技术。从本质上说，它们是"反向"的冰箱——将热量从室外较冷的地方转移到室内温暖的地方。热泵是热效率的奇迹，是个减少燃料供暖的好方法，尤其是在不太冷的地区。在深度翻修房子的时候，人们可以安装一个热泵以便日后使用电力取暖。现在，每年大约有 1% 的人会这么做。[2]

但问题是，要买新房的人还是少，大多数人还是住在原来的房子里。在老房子里安装热泵不好操作，而且成本也太高，因为这需要大量隔热材料，还可能需要新的热量分配系统，总成本约为每平方米 200~300 美元⊖。很少有人愿意提前为供暖支付这么多钱，即使从长远来看这是个稳赚不赔的买卖。至少在欧洲，这是一个严重的问题，大约 90% 的家庭的碳排放来自 25 年以上的老建筑，而这些老建筑占欧洲所有建筑的 3/4。在世界范围内，大部

⊖ 电热泵产生的热量的温度比燃气电器低得多，所以一般不与电暖气一起使用。你需要一个地暖系统，让热量在更大的表面积上交换。

分房屋也都是旧的。要求消费者承担家庭脱碳的负担并非易事，这就是为什么政府对节能装修计划的支持是如此重要。意大利提供110%的税收优惠，也就是说，在装修上每花1万欧元，就能在五年内获得1.1万欧元的税收减免。

给这些老房子通电不光成本高，在操作上也是不切实际的。英国国家电网（National Grid）估计，如果想在2025年启动大规模电气化计划，并在2050年完成这一计划，每周需要改造2万户家庭。[3] 如果能开发出不需要对建筑群进行深入改造的热泵，那是再好不过的了。

在电气化行不通的地方，我们还能怎么做呢？

在某些地区，给每一处房产都配备独立的供暖系统是没有意义的。能不能把发电的余热直接给建筑物供暖呢？答案是能，这就是热电联产的原理。大型发电站可以将余热直接输送到数百户家庭，也就是集中供暖系统。或者在社区范围内，一个比变电站大一些的热电联产装置可以发电，并将产生的热量重新输送到周围的几条街道。现有的热电联产装置已经能够处理氢气和天然气，但这并不是一个适合所有人的解决方案。首先，热量到达每家每户时已经消耗得差不多了，温度并不高。而解决取暖器温度过低的方法是昂贵的保温材料，这让我们又回到了原点，那就是价格贵。

另一个可能的解决方案是使用生物甲烷来替代天然气。生物甲烷与天然气并没有什么区别，所以适用于现有的管道和设备；在燃烧时，碳都会被释放到空气中。但对于生物甲烷来说，由于这些碳本来就是由植物从空气中捕集的，所以抵消下来，排放量很低。

沼气由厌氧细菌分解有机物产生，已经被发现并使用了一个多世纪；而人们利用厌氧消化器从废弃的生物质中制取甲烷也已经有几十年的历

氢能革命

史了。如果供应充足的话，我们就可以随时做饭和取暖了。然而，这种成熟而高效的绿色技术却始终面临着供给不足的问题。现在，专门用于制造生物燃料的土地资源并不多，所以我们没有足够的有机原料来增加生物燃料的产量，从而使其价格合理，特别是对于像供暖这样的能源需求旺盛的行业。

生物燃料能在绿色经济中发挥重要作用，特别是在绿色航空燃料的生产中。不过，生物甲烷并不能大量替代天然气。

有一个主意很有趣，那就是把稀缺资源与电力结合在一个混合系统中，为我们的家庭供暖。为此，我们可以安装可逆热泵和一些保暖材料，来提供夏季制冷和适度的冬季供暖需求。在非常寒冷的时候，我们就可以启动这种小型的生物甲烷锅炉。

不过话说回来，现在氢也可以作为冬季供暖的一个整体解决方案。人们可以在夏天生产氢，把它储存在地下，然后冬天用在锅炉、发电机或集中供热网络上。

既然氢是如此强大的绿色热源，为什么不在家里使用呢？事实上，就在不久之前，我们已经做到了。20 世纪 70 年代，英国大部分地区使用的煤气中，大约一半是氢气，一半是甲烷，还有高达 10% 的有毒一氧化碳。这里所用的氢气是在无氧情况下通过加热煤而制成的。当温度达到400~450℃时，煤就会释放出一种燃烧着明亮火焰的气体。苏格兰工程师威廉·默多克（William Murdoch）是第一个使用煤气的人，他在 1792 年用煤气给自己家提供了照明。这个想法获得了成功，默多克的雇主博尔顿和瓦特（也就是设计瓦特蒸汽机的人）开始为工厂建造小型煤气厂。1812年，德国企业家弗雷德里克·温莎（Frederick Winsor）获得英国皇室的特许，建造了世界上第一个公用煤气厂。于是伦敦的街道亮起了灯，很快整个英国的街道的灯都亮了。在之后的 15 年内，欧洲和北美几乎每个大城市都建造了煤气厂。煤气，也称民用燃气，几十年来为许多国家提供了温暖和照明。直到 1981 年最后一家煤气厂关闭，英国才完全停止使用煤气，但在夏威夷、新加坡和中国香港地区煤气今天仍在被使用。

天然气和氢气的混合物将是供暖脱碳的一个很好的起点。正如我已经提到的，在斯纳姆，我们进行了 10% 的工业混合试验。在其他地方，类似的项目也被用于住宅。在英国，超过 650 个家庭和商业建筑将试用 20% 的混合氢，为期约 10 个月——这是 HyDeploy 项目的一部分。此前，英国基尔大学（Keele University）的私人天然气网证明，在氢气浓度高达 20% 的情况下，氢气可以安全地混合到天然气分配系统中，而且无须改变网络组件或下游设备。一个荷兰的项目安全成功地将 20% 的氢气注入了天然气网供国内消费者使用，而法国的 GRHYD 项目则向大约 100 个国内客户和一家医院供应 20% 的氢气混合物。

这种混合水平足以让经济运转起来，但如果我们想要达到净零，最终还是得完全放弃天然气，转而燃烧纯氢。

虽然氢气是一种高度易燃的气体，但在家庭中安全使用氢气是可行的，我们将在后面更详细地讨论这一点。

现在，我们已经有了氢锅炉，到 2030 年，氢锅炉的成本预计将从每户 1600 美元降至 900 美元，跟天然气锅炉差不少。在数以百万计的家庭中安装新锅炉是一项重大工程，不过天然气锅炉的平均寿命也就不过 15 年，我们可以在天然气锅炉使用寿命到了之后直接更换新的。既然成本相差不大，我们现在就应该让供热工程师把锅炉进行改装，使其可以从甲烷或甲烷氢气混合物切换到纯氢气，还应该鼓励或强制要求新的电器与氢气兼容[⊖]。家用燃料电池也应该能够将甲烷或氢气转化为热能和电能。

在这一切成为可能之前，我们必须先保证氢气的供应。只要稍加修改，现有的基础设施就能将氢气输送到天然气网各处，但这只是输气管道，也就是连接天然气源和用户的大管道。

对于从大型输气管道中抽取天然气并输送给个人家庭和商业用户的配气管道，似乎有很大的地区差异。早在 2002 年，英国就启动了"铁管更换计划"，所以现在英国处在非常有利的位置。该计划已将大部分配气管道升级为聚乙烯材料，适合输送 100% 的氢气。

当然，这项工程还需要支付额外的费用，尤其是用于更换设备、检测泄漏和监测氢质量的费用。但只要有钱，这些问题都不难解决。最主要的问题是，我们没有向国内用户或重工业以外的商业用户供应纯氢的经验。目前，大多数评估氢系统的研究都是"纸上谈兵"，在接受 100% 纯度的氢之前，我们需要的是一个全面的准备工作计划。

不过，纸上谈兵也是有用的。在英国，"H21 利兹城门项目"[4] 研究了如何将利兹变成一个完全以氢气为燃料的城市。利兹虽然只拥有英国 1.25% 的人口（规模便于管理），但也足以检验出发展氢气网络需要什么。而且，利兹近水楼台，靠近蒂赛德蓝氢项目的现有基础设施——已经用于储存氢气的地质地点。

该研究表明，将输气管网转换为适用于 100% 的氢气对家庭和商业客户造成的干扰非常小，并且不需要进行大规模的改造。[5]

⊖ 英国的伍斯特博世公司已经在生产这些锅炉了。

根据该项目研究报告，H21 项目的成本包括 20 亿英镑的基础设施建造和设备转换费用，以及每年 1.3 亿英镑的运营费用。那么，谁来支付这些费用呢？这是一个大问题。当然，对于整个能源转型进程来说，"谁来付款"也是一个问题。澳大利亚和爱尔兰目前正在开展类似的研究，中国、日本、新西兰和整个欧洲也表示了兴趣。

说到实际计划，英国天然气分销商 SGN 一马当先，他们已获准向莱文茅斯的 300 个家庭提供纯氢气。作为第一步，SGN 将建立一个示范设施，让客户在一个像家一样的环境中看到并体验氢能设备。

这是非常有必要的一步。如今，供暖是碳排放的一大来源，也是一个难以低碳化的来源。热泵能发挥其作用，特别是在新建或翻新的房屋中。

使用热泵和生物甲烷锅炉的混合解决方案也会有所帮助。但是，在寒冷地区，以及工业集群附近的家庭，直接使用氢气很可能是首选解决方案，因为无论如何，工业集群都会在其配气系统中铺设氢气管道。想象一下，在 2030 年 1 月的一个寒冷的日子里，启动锅炉，沐浴在 6 月撒哈拉沙漠的阳光中，那将是一件多么美妙的事情。

氢 能 革 命

第 16 章
绿色道路

交通运输是二氧化碳和空气污染的主要来源之一。电池在某些车辆上可能效果不错，但对有些车辆来说太重了。在陆地上，压缩氢气可以保证车辆持久续航，加气也方便。因此，氢气可能是卡车、公共汽车和出租车最高效的燃料，甚至未来可能与乘用车的电池竞争。

我喜欢旅行，也喜欢速度、舒适和自由带来的感觉。我对车有一种独特的情感，更无法想象没有飞行的生活。低成本航空旅行是我 20 多岁时的主要交通方式，我不断乘坐廉价航班去新的目的地，把自己变成了一个真正的欧洲人。在疫情暴发之前，我在欧洲和美国各地工作。在一次亚洲旅行后，我精力充沛，有了新的想法。我不想再继续过去的商务旅行模式了，但我想保留其中真正有用的东西。不只是我，很多人都喜欢旅行，而且很多人都需要旅行。

现在，交通运输与石油资源紧密相连。大约 95% 的交通运输所需的

能源仍然来自于石油。在全世界每天消耗的 9900 万桶石油中，60%~70%
用于公路、铁路、船舶和航空。2019 年，交通运输占全球碳排放的份额
为 21%，其中绝大多数来自公路运输。

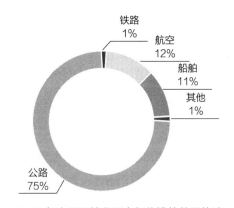

铁路
1%
航空
12%
船舶
11%
其他
1%
公路
75%

2019 年交通运输业温室气体排放总量估计

我们对交通运输的能源需求将随着人口增长和经济发展而增长，特
别是在非经合组织国家。在新冠肺炎疫情暴发之前，有预测显示，到
2050 年，公路和航空的里程将增加一倍。疫情可能会改变我们的一些
交通习惯，并削弱能源需求的增长，但我们仍能看到大量额外的流动
性需求。

清洁交通运输更加重要，因为交通运输还会产生其他污染物。细颗粒
物、甲烷、一氧化二氮、氢氟化碳、全氟化碳、六氟化硫和三氟化氮，这
些物质都会对城市环境造成危害，降低人类的预期寿命，并危害当地的生
态系统和全球气候。当然，我们可以选择少旅行，但从长远来看，这种解
决办法实在是让人悲伤。我们得找到一种方法，让旅行远离二氧化碳排放
和污染，也远离内疚感。最好的方法是什么呢？

氢能革命

对许多人来说，最有效的解决方案是生物燃料，至少在短期到中期内是这样，因为生物燃料不需要对发动机或基础设施进行任何改变。然而，除非限制耕地数量或者砍伐森林，否则我们根本就没有那么多可用的有机废物。养殖海藻或其他藻类可能是个选择，但将藻类转化为生物燃料的过程十分复杂，技术也不成熟。因此，总的来说，脱碳交通运输最现实的候选方案就是利用电力（加动力电池）和氢（加燃料电池）替代化石燃料。这两种选择的共同点是，我们得给交通工具换上电动机。

现代内燃机是一件美好的产物。通过一个极其复杂的设计概念，内燃机几乎可以实现所有的性能。在内燃机内部，大量微小的燃料燃烧产生高温高压气体，推动活塞，转动曲轴，带动齿轮箱，最终驱动车轮运转。燃料中的大量能量以热量的形式流失了，而且发动机也会有很多磨损。储存在汽油中的潜在能量只有 20% 被输送到车轮上。虽然汽油或柴油发动机的轰鸣声对许多汽车爱好者来说是天籁之音，但这种声音也代表着能源的浪费。

清洁、安静、高效的电动机就不一样了。电流流过盘绕的电线，产生磁场，借助磁场的力量转动传动轴。电动机内部摩擦和能量损失更少，也没有燃料燃烧，整个装置几乎不需要任何维护。电动机可以将大约 95% 的电能转化为动能，显然，在这方面内燃机完败。因此，交通工具脱碳的第一步就是，给车辆换上电动机。

关键问题是如何储存电能来提供动力。我们是要用可再生电力和动力电池（纯电动汽车，简称 BEV），还是氢和燃料电池（燃料电池电动汽车，简称 FCEV）呢？

这得看情况。想要实现脱碳交通运输，我们得研究如何在不增加车辆重量的情况下，将大量清洁能源塞进狭小的空间。我们还得把成本压到尽可能低，最好是能低于我们正在试图取代的石油产品（汽油、柴油、航空燃料……）。理想的解决方案并不存在，因为需要在效率和里程、充电时间以及对能源基础设施的影响之间做出权衡。交通工具种类繁多，运输目的也不同，因此没有一个统一的答案。

电气工程师花了很多时间思考这个问题，他们的结论是：动力电池（如锂离子电池）比燃料电池好。理由是，在充电和放电的过程中，动力电池不会损失很多能量。

想象一下，在阳光或风力充足的地方，我们用太阳能电池板或风力涡轮机产生了 100 千瓦时的电能。电能通过电网，损失了 5%~10% 的能量，锂离子电池的充放电损失 10%，最后通过电力让汽车移动时再损失 5%。算上所有这些损失，我们最终得到 80 千瓦时，效率为 80%。这个效率已经非常高了，所以人们可能会把氢燃料电池的想法放在一边，因为它们乍一看似乎是在浪费能源。

让我们看看氢燃料电池的情况。首先，我们以电解的方式把可再生能源变成氢气。电解的效率大概是 70%，也就意味着我们已经损失了大约30% 的能量；然后，氢气必须被运送到一个加氢站，所消耗的能量在某种程度上取决于运输方法，粗略地说，这个过程的效率约为 90%。

氢气进入汽车后需要转化为电力——燃料电池的效率只有 60% 左右。最后，还得去掉电动机损失掉的 5% 能量。我们最开始有 100 千瓦时的能量，但把这些加在一起后，你会发现只有 36% 的初始电能能用在路上。这个效率几乎是内燃机的两倍，但只有动力电池汽车的一半。从表面上看，动力电池完胜。2015 年，在底特律举行的世界汽车新闻大会

氢能革命

（Automotive News World Congress）上，埃隆·马斯克指出，氢燃料电池汽车"极其愚蠢"，但现在，他好像被打脸了。

自由里程

既然纯电动汽车的效率更高，为什么氢和燃料电池的组合还会出现呢？因为我们需要从大局出发。只要车处于行驶过程，里程将不会停止计算。车上的所有能源都是为了行驶，无论是动力电池还是燃料电池。虽然动力电池储存了能量，但汽车中的动力电池实在是太重了：特斯拉汽车的锂电池组重量超过半吨。这与氢燃料电池形成了一个对比。氢气的单位质量能量密度极高，每千克氢的能量约为 40 千瓦时，是每千克化学燃料中能量最高的，几乎是汽油的 3 倍，电池的 100 多倍。

这意味着可以储存的能量不是受氢气重量的限制，而是受氢气在容器中所占体积的限制。虽然燃料电池汽车也有一定重量，但其携带的燃料电池要比动力电池轻得多。丰田 Mirai 的燃料电池重量为 56 千克，而一辆家用汽车即使只有 200 公里的续航里程，动力电池也有数百千克重。

因为负重需要消耗能量，因此，汽车电池的重量很重要。如果车辆很重，车辆就必须对抗更高的轮胎滚动摩擦力和变速器摩擦力；遇上一路红绿灯多，坡也多，情况就更不妙了。一辆典型电动汽车的续航里程为250~300 公里，也有些车型的续航里程可能是这个的 2 倍。但如果你开车上山下山，就开不了那么远了。一般来说，250~300 公里的续航里程仅仅满足城市驾驶需求。

如果通过增加电池组数来延长汽车的续航里程，你又会发现这样做事倍功半。每增加一组电池，你的车就会变得更重，摩擦力也会更大。这样一来，驱动车就需要更多的能量，电池消耗得也更快，而且新电池能提供的续航里程也会大大减少。

对于长途驾驶，尤其是驾驶重型车辆或在山区行驶时，氢燃料电池汽车是更好的选择。如果你想开得快点儿，也应该选氢燃料电池汽车。氢气一直以来都是未来的汽车燃料，但其发展还没有步入正轨。

1807 年，艾萨克·德·里瓦兹（Isaac de Rivaz）发明了第一台内燃机。早在 20 世纪 20 年代，德国的道路上就有了一些氢燃料公交车，这要感谢德国工程师鲁道夫·厄伦（Rudolf Erren）。他开发了一种系统，既可以使用氢燃料，也可以使用汽油，司机在驾驶室里轻按一下开关就能切换。有历史记录的第一辆氢燃料电池汽车是 1966 年通用公司的 Electrovan，它一定是有史以来最"可怕"的汽车之一。提供动力的过冷液氢和液氧被放置在两个独立的巨大储存罐中，整辆车的后部又被 170 米长的管道占据，所以这辆六座车最多只能坐下两个人。虽然它当时的续航里程有 190 公里，但工程师们基本只在公司范围内试驾。

Electrovan 是一个里程碑式的产物。自那以后，氢燃料电池汽车已经取得了长足的进步。因此，尽管氢燃料电池汽车的能源效率远低于纯电动汽车，但对于需要较长行驶里程的汽车来说，也是一个不错的选择。丰田 Mirai 的油箱里可以装 5 千克氢气，续航里程约为 500 公里，与许多汽油车相当。这种车可能适合美国人，因为在美国，汽车平均每年行驶 1.2 万英里，远高于其他国家。[1]

中国科协主席万钢认为，氢燃料汽车是未来趋势，原因之一就是氢

氢能革命

燃料电池的续航能力。人们普遍认为，是万钢在中国拉开了电动汽车革命的序幕。现在，中国拥有全球近一半的电动乘用车。在《〈中国制造2025〉重点领域技术路线图》中，中国政府将氢能源确定为其电动汽车市场的关键技术。中国希望，到 2025 年氢燃料电池汽车保有量达到 5 万辆，2030 年达到 100 万辆。这将需要很多加氢站，中国计划将车 / 站比定为1000∶1，也就是平均 1000 辆车就有一个加氢站。

2020 年，韩国将有大约 6000 辆氢燃料电池汽车上路，并且已经设定了到 2030 年达到 85 万辆的目标。韩国总统文在寅（Moon Jae-in）⊖ 称氢能源是亚洲第四大经济体的未来生计，他已宣布担任这项技术的大使，并监督中央政府支出 18 亿美元，用于补贴氢燃料电池汽车销售和加氢站的建造。由于政府进行了补贴，现代 Nexo 的价格下降了一半，仅为 3500万韩元左右，所以销量大幅增加。现代汽车和其供应商计划到 2030 年为止，在氢研发和氢设施上投资 65 亿美元。

在这个市场上，美国是一个"沉睡的巨人"。2003 年，美国总统乔治·布什称氢燃料电池是"我们这个时代最鼓舞人心的创新技术之一"[2]，但到目前为止，加州是美国唯一付诸行动的州。在过去的十年里，加州已经花费了超过 3 亿美元来补贴购买或租赁氢燃料电池汽车、建造加氢站、购买氢燃料公共汽车和补贴氢燃料卡车的发展。美国共有 7800 辆氢动力汽车，基本都在加州。2020 年，时任加州州长加文·纽森（Gavin Newsom）发布了一项行政命令，即在 2035 年之后禁止在加州销售新的汽油动力汽车。加州能源委员会宣布，到 2027 年，将为 111 个新的加氢

⊖ 2022 年 3 月 10 日，尹锡悦当选新一届韩国总统。——编者注

站提供 1.15 亿美元的资金，这将使加州走上一条实现规模经济的道路，使该行业不再依赖于政府的激励措施。

提前充电

用化学方法改变电池的内部结构进行充电，这个过程所花费的时间比直接往罐子里倒液体要长得多。等待汽车电池充好电可能需要几个小时，这在意大利就意味着你得在高速公路的咖啡馆喝上好几杯意式浓缩咖啡。像特斯拉超级充电器这样的大功率快速充电器可以将充电时间缩短到大约 1 小时，但如果再加快速度，电池就会加速退化。

如果你晚上插上充电插头，第二天汽车就能继续在城市里穿梭，那么充电时间长点儿也没关系，反正你有一晚上的时间。而且，你真的介意等它一个小时吗？在你健身的时候，或者在超市购物的时候，其实它就能充好了。

氢燃料补充所需的时间是快速充电所需时间的 1/10~1/15，所以一个加氢站的服务效率是快速充电站的 10~15 倍。这意味着，基于相同的服务效率，氢燃料基础设施需要的空间可以缩小 10~15 倍。虽然建造加氢站的前期成本较高，但预计后期会大幅下降。

如果充电时间过长，人们可能会放弃选择纯电动汽车的念头；对排放的限制会让化石燃料汽车也变得不那么受欢迎；出租车企业急需找到可以替代的能源。人们可能会认为，因为出租车通常都跑的是短途，也许动力电池汽车是个理想的选择。但是想象一下，如果 100 辆动力电池驱动的出租车都停在一个地方需要充电，那你就需要 100 个充电桩，还要与你的能源供应商进行长时间的沟通。现在，在整个欧洲，氢燃料电池出租车的数

氢能革命

量和规模都在增加。巴黎、伦敦、布鲁塞尔和汉堡都有，而在巴黎已经有100多辆车在运行。

意想不到的是，叉车也成为了氢燃料汽车革命先锋队的一员，其中一个主要原因就是充电时间。氢燃料电池叉车和动力电池叉车一样清洁，这在封闭的工作空间中很重要。而且，氢燃料电池叉车在低温下也能很好地工作。更重要的是，氢燃料电池叉车可以在3分钟内补充燃料。这对于一辆工作量大，需要消耗很多能量的叉车来说很重要。充电时，叉车不能工作，所以想要给一支由100辆叉车组成的车队充电，得有很多个充电口才行。现在，氢燃料电池叉车的年产量数以万计，使得这种重负荷机器成为截至2020年氢燃料的最大需求者。

人们正在探索新的商业模式来解决动力电池充电慢的问题。其中一个想法是，在充电站把没电的电池直接换成满电的电池。这种技术可能更适用于电动摩托车，因为电动摩托车上的电池比较小，方便携带。但是，在动力电池新的解决方案出现之前⊖，我们可能还是只会用纯电动汽车来进行短途旅行。

堵车

在充电站发生的事情不光会影响到车主，也会影响整个交通系统。目

⊖ 2021年1月，以色列公司StoreDot发布了首款5分钟快充锂电池样品。它仅能让汽车行驶100英里（160公里）左右，而且需要比现在更高功率的充电器。这种电池用基于稀土元素锗的半导体纳米颗粒取代了电极中的石墨，这会造成环境污染。但StoreDot的计划是用更便宜的硅取代锗。如果他们能解决这些问题，那StoreDot的快充电池将可能改变电动汽车的格局。

前，欧洲的电动汽车数量相对较少，主要是通过主电网提供的墙上插座充电。但是，当电动乘用车越来越多，需要更多的充电站、消耗更多的电力时，对电网来说意味着什么呢？如果纯电动汽车想要全面取代内燃机汽车，我们要么必须想出一种不同的方式来分配电能，要么必须对我们的电网进行大规模升级。扩大电网虽然昂贵，但只要我们能保持其稳定性，也是完全可行的。要做到这一点，我们需要平衡平静期和高峰期之间的电力供应，而快速充电器则会增加峰值需求。在人们开车上下班或度假的高峰期，快速充电会推高电网负荷。特斯拉超级充电器的容量为 250 千瓦，相当于同时打开 100 多个电水壶。解决这一问题的唯一办法是建立额外的峰值发电能力，还有输电网和配电网。有些人寄希望于"汽车入网"的技术（我们在第 5 章讲过），因为电动汽车的智能充电可以稳定电网，而不是堵塞电网，但这种技术仍在探索中。

加氢站对电网就要友好得多了。它们可以根据需要通过电网或附近的可再生电力生产氢气，可以通过管道接收氢气，也可以从卡车上接收压缩或液态氢气。加氢站也会有繁忙和空闲时期，但它们会自行处理，不会对电力基础设施造成波动需求。你也可以在固定燃料电池中使用来自电网的氢为电动汽车充电，要是将加油站连接到电网存在困难，这个方法就值得一试。

综合所有这些因素，到目前为止，纯电动汽车的能效最高，而且很可能在市场上占有很大的份额，尤其是城市乘用车；而在无法电气化的领域，或者在对续航里程、充电时间和对基础设施的影响等方面要求较高，而对能量效率要求相对较低的应用场景中，使用氢气就是有意义的。

氢能革命

一线希望

最早采用氢燃料技术的可能是火车——所有重型车辆的"老祖宗"。

火车是陆地重型交通工具中的佼佼者，铁路系统电气化起步较早。英国最早的布莱顿的沃尔克电气铁路，是一条于 1883 年开通并至今仍在运行的游览铁路。第二次世界大战后，铁路电气化成功将充满煤烟污染的交通网络转变为大家心目中的可持续交通形式。

但并不是每条铁路线都能以合理的成本进行电气化。为了适应新电力线而调整隧道和桥梁的成本、变电站的成本，以及加固当地电网的成本，都必须分摊到运行在这条线路上的每班列车上。即使在繁忙的干线上，也要花四五十年的时间才能收回这么大的投资，而不繁忙的线路根本就吸引不到投资。[⊖] 世界上 70% 的火车仍然使用柴油。在美国，只有 1% 的铁路成功实现了电气化。这是一个问题，因为柴油火车（内燃机车）既不环保又价格昂贵，我们需要逐步淘汰柴油火车才能实现净零排放，因此，我们得用一种清洁得多的燃料来取代柴油。火车又大又重，需要长途运行，那么，还有什么选择比用氢气更好呢？火车上有足够的空间来储存氢气，而且也需要氢气提供的持续能量。

2002 年，第一辆"氢燃料供电（Hydrail）"的火车在加拿大魁北克省瓦勒多进行了展示。世界上第一辆氢燃料电池客运列车是阿尔斯通（Alstom）的 Coradia iLint——于 2018 年在德国一条 100 公里长的区域铁路线上投入商业运营。在接受法新社采访时，机车制造商阿尔斯通的项目经理斯特凡施兰克（Stefan Schrank）对其前景表示乐观。"当然，氢动力

⊖ 瑞士运营着一个完全电气化的铁路网，但瑞士并不是什么贫困的国家。

火车的价格比柴油火车贵一些，但运行起来就便宜多了。"[3]2022年，一支由14辆iLint组成的车队将在德国下萨克森州取代柴油火车，其一箱氢燃料可行驶1000公里，时速可达140公里。

英国也紧随其后，一款名为Hydroflex的燃料电池动力原型车正在主干线上运行；中国也在测试以氢发电为动力的轻轨和有轨电车系统；法国、荷兰、日本和美国加州也在推进氢动力列车；而在意大利，斯纳姆与阿尔斯通也达成了开发氢动力列车的协议。

火车返回的仓库通常位于工业区，所以在找到负担得起的绿氢供应之前，它们可以先依赖附近工厂的蓝氢。

坚持奋斗

需要长距离行驶的车辆，包括许多公共汽车和卡车，也需要氢。氢燃料公交车加一次气可以行驶500公里以上，而电池公交车充一次电只能行驶200公里左右。如今许多城市公共汽车都是电动的，仅在伦敦就有450辆。但是，即使是短途的公交车，更长的续航里程也很有吸引力，因为这样就可以在一次充电后保持长时间的行驶。

如今，氢燃料公交车的价格是柴油公交车的两倍。但英国莱特巴士公司（Wrightbus）董事长乔·班福德（Jo Bamford）表示，如果政府对前3000辆汽车提供补贴，工厂就可以扩大生产规模，生产出与柴油公交车成本相同的氢燃料公交车。[4]

氢燃料电池公交车已经在14个欧洲城市运行，包括阿伯丁、安特卫普、科隆、奥斯陆和里加。欧洲的"H$_2$ Bus Europe"资助计划将在未来五

氢能革命

年内资助 600 辆新型燃料电池公交车。丰田和现代已经开始向公交车制造商销售氢燃料电池组件。在中国，包括上汽集团和吉利控股集团（拥有沃尔沃和路特斯等品牌）在内的大型汽车制造商都在开发自己的氢燃料公交车。[5]

货运路线往往是长途，所以也适用于以上讨论。如果使用动力电池，卡车司机需要频繁停车，把车连接到一个 350 千瓦的重型充电器上，然后再等上几个小时才能把巨大的电池组充满，这样会损失大量的时间和金钱。笨重的电池也削减了车辆的负载能力。对于特斯拉的半挂车来说，300 英里（约 500 公里）的续航里程需要 570 千瓦时的电池容量，重量约为 4.5 吨。如果是 500 英里，则需要 950 千瓦时的容量，近 8 吨。虽然电池价格一直在暴跌，但仍然很贵。

好在，新一代氢燃料卡车即将问世。全球最大的商用卡车制造商戴姆勒卡车公司（Daimler Trucks）表示，到 2027 年，他们将推出全系列的氢燃料商用车。他们最近与沃尔沃合作，准备开发后内燃机时代的氢系统。通用汽车与纳威司达（Navistar）合作，推出了一款新型半卡车[6]，计划于 2024 年进入市场。世界上最大的啤酒酿造商安海斯布希（Anheuser-Busch）订购了 800 辆氢燃料电池卡车，为其绿色环保的形象锦上添花。我们的电网要达到 100% 的"绿色"可能还需要几十年的时间，而在那之前，使用可再生的氢是从物理角度确保 100% 绿色运输的唯一途径。

这不仅仅是大型五轴卡车的事，小型货车也可能青睐氢燃料。雷诺和普拉格能源（Plug Power）的目标是成为氢燃料轻型商用车的领导者。而斯特兰蒂斯（Stellantis，由菲亚特克莱斯勒和标致雪铁龙合并而成）计划在 2021 年底前销售三款氢燃料电池厢式车。

　　这并不是一场胜者通吃的比赛。在美国，80% 的货物运输距离不到
250 英里。在这个范围内，选择动力电池还是氢燃料电池主要取决于你想
选哪个。

　　氢将在无法电气化的铁路旅行、远程卡车、公共汽车、出租车和一些
乘用车中发挥作用，其中火车和卡车会首先进行氢能转换。重型货车对氢
能的需求可能会推动整个市场，因为人们得在路上修建新的加氢站。相对
稳定的运输路线和运输量降低了运营加氢站的风险。更棒的是，运输结束
后，卡车一般都会回到一个或几个固定的地点，所以，我们相当于已经确
定了第一批加氢站的建造地点。而且，有很多资金雄厚的大公司愿意尽快
投资氢燃料电池汽车，让氢能运输得以实现。

氢 能 革 命

第 **17** 章
绿色海洋

海运使用的燃料污染特别严重，约占全球每年温室气体排放总量的3%，并产生大量的空气污染。如果不采取行动，预计到 2050 年，其排放量将增长 250%。通过用氢气制造的氨气取代传统的高污染燃料，可以避免货船排放有毒废气。

远洋船只航行数千英里才能补充燃料，所以需要携带大量能源。目前，大多数大型船舶燃烧的是一种有毒燃料，称为高黏度船用油或残渣燃料油。这种油是从原油中蒸馏出汽油和其他燃料后剩下的残渣组成的，不仅会产生二氧化碳，还会产生易导致雾霾的氮氧化物、令人难以呼吸的细颗粒物和污染环境的煤烟。如果你去参观一个有港口码头的城市，就可以看到建筑表面都被腐蚀得斑驳不堪，还被熏得很黑。然而，目前却有 9 万艘船舶使用这种燃料，把粮食、药品、废纸和旧鞋等运往世界各地。

正因如此，2010 年的时候，船舶迅速成了欧盟最大的空气污染源。

在我写这本书的时候，欧洲船舶排放的二氧化硫和氮氧化物预计已经超过陆地排放。

但还是有一线希望的。一方面，该行业由其自己的国际管理机构——国际海事组织（IMO）监管，该组织已经充分认识到了脱碳的必要性[⊖]。国际海事组织的目标是，到 2050 年，将全球每年在海上运输方面的温室气体排放量至少减少 50%，以期在本世纪内尽早实现零排放。考虑到航运需求的增长，这将是一场艰苦的战斗。

另一方面，航运路线是固定的。即使是缺乏传统能源基础设施的最不发达国家，也有完善的港口。许多港口可以利用附近的陆上风力或太阳能发电场产生的电能，建设生产清洁氢所需的基础设施。而且，许多港口的附近就有能源供应商，这些供应商也非常希望能在陷入能源转型的困境之前，让自己的设备有"用武之地"。港口的原材料充足且便利，所以很多港口实业公司也都集聚在附近。

这意味着港口是个开发氢需求的好地方。事实上，在早期的氢项目中，港口就处于领先地位。比利时安特卫普港是欧洲最繁忙的港口之一，拥有巴斯夫（BASF）、英力士（Ineos）等化学公司和石油巨头埃克森美孚（Exxon）等潜在氢消费者。安特卫普港已经制订了进口氢的计划。荷兰鹿特丹港也在寻求进口氢气，生产自己的绿氢（使用来自海上风力发电场的电力）和蓝氢（将二氧化碳注入北海枯竭的波托斯油田），并将其连接到全国性的氢管道网络。

更令人欣喜的是，航运公司的客户已经越来越在乎运输活动是否环

⊖ 不经意间，这一进程已经开始。国际海事组织要求燃料供应商为其供应于海运的燃料除硫。这个过程通常会用到氢，这增加了对氢的需求，也帮助降低了电解的成本。

氢能革命

保。作为世界上最大的航运公司之一，马士基（Maersk）承诺到 2050 年将净碳排放降至为零。但如果不使用船用油，用什么呢？

至少在理论上，用氢燃料电池为最大型的船舶供能是可行的。2020 年春，瑞士、瑞典的两家制造业巨头 ABB 与 Hydrogène de France（HDF）合作，以开发一种兆瓦级的氢燃料电池系统。大型集装箱船如果想要实现全电动化，就需要这种系统。但船舶如何储存这些体积庞大的氢呢，尤其是在长距离航行中？

像氢燃料电池汽车那样，我们可以把氢气进行压缩，但仍然会占据相当大的空间。在 700 个标准大气压下，气态氢比液态氢多占 70% 的空间。考虑可以在室温下携带大量的氢气，压缩氢气似乎是一个低成本的解决方案。但是，如果你想将全部成本控制在合理水平，只能尽力把压力容器做得小一点，可船上根本没有那么多空间放下很多小型的压力容器。

如果你想携带过冷液氢，得先消耗所携带氢约 30% 的能量进行液化。在那之后，你就不需要再去主动制冷了，绝热就行，因为你可以利用那些慢慢气化跑出来的氢气提供能量。一艘挪威液氢邮轮预计将于 2023 年投入使用。尽管搭载液氢在技术上具有挑战性，而且价格昂贵，但我预计在未来一段时间内，这仍将是豪华邮轮的高端选择。

小型船只，如私人游艇和威尼斯的汽船，也可以使用氢燃料。而且越快投入使用越好，至少对威尼斯来说是这样。尽管没有汽车，汽船还是使威尼斯成了意大利污染最严重的城市之一。至于更小的船只，如水上出租车和私人船只，则可以使用电池。

一种可能更实际的方法是利用空气中的氢和氮来制造氨。现有的船舶发动机只需稍作调整，就可以燃烧氨，排放水和氮。这种方式没有二氧化碳的排放，细颗粒物和其他有害气体的排放也相对较少。因此，这可能是将绿色能源引入长途航运最具成本效益的方式。

有人曾经试图以氨为燃料来建造道路交通工具，但因为氨是有毒的，考虑到安全性因素而被否决了。然而，在海上，已经有了处理这种化学物质的专业技术和设备，因为船上经常使用氨来清除发动机烟气中的氮氧化物。但是以氨为燃料的船舶仍然需要一套新的安全规定，这可能会延缓它们的发展。

另一种方法是利用氢与二氧化碳生成合成天然气或合成液态烃。这样一来，使用合成天然气或合成液态烃的船舶对环境造成的影响就能比现在小得多。然而，要想将现在的航运燃料转换为合成燃料，可能需要政府进行补贴。这是因为，如果把太阳能或风力发电、电解制氢以及将氢转化为氨或其他合成燃料的成本加起来，这种燃料会比传统的化石燃料贵很多。

航运还有一种方式可以在当下就减少排放。当邮轮停靠在港口时，船上的冰箱、空调等电器设备会消耗大量的电力。港口的电网通常无法提供足够的电力，所以邮轮只能用船上的发电机燃烧重油发电，也因此会排放大量二氧化碳，造成空气污染。港口如果有燃料电池可以为邮轮发电，当下可以用甲烷做燃料，未来还能转为氢气，从而减少大部分二氧化碳排放和污染。

与此同时，我们也有可能看到 20 世纪早期飞行的先驱——氢气飞艇的回归。我们可以利用高空急流推动大型载货飞艇飞越到世界各地。高空急流是快速、狭窄又蜿蜒的空气流，主要在中纬度地区 10~20 公里高空的东西方向流动，速度通常为 150 公里 / 小时，亦可达 300 公里 / 小时以

氢能革命

上。利用这些大气流，在装载相同货物的情况下，氢气飞艇的燃料需求更低，所需航行时间更短。氢气飞艇会携带大量的氢而不是氦，因为氦过于稀有、成本太高，且氦的重量是氢的两倍，所以它没有氢的效率高。

即使这个大胆的想法最终得以实现，客运服务也不太可能跟进。为此，我们还是得再请氢能来帮帮忙。

氢能革命

第18章

绿色天空

飞行可能是我们当前最大的气候"罪行",但可能很快就会被液氢"洗刷"干净。为此,我们需要重新设计飞机。氢可以用于燃料电池,与其他元素结合制造合成喷气燃料,甚至可以以纯液体的形式携带以供给氢燃料发动机。

航空业的二氧化碳排放量约占运输行业排放量的 12%,占全球碳排放量的不到 3%,但这一比例将会继续增长。尽管航空旅行在 2020 年遭受重创,但在后疫情时代很可能会迅速反弹。未来几十年,预计乘客公里将以每年 4%~5% 的速度增长。在全球范围内,航空业每年会排放超过 9 亿吨的二氧化碳,即使科技发展提高了效率,到 2050 年,这个数字还是至少会翻一番。现在,我们已经控制了大部分其他的排放源,但航空旅行可能是一个棘手的问题。

简单的二氧化碳数据无法全面地揭示航空对气候的全面影响。除了二

氢能革命

氧化碳，喷气发动机还会排放氮氧化物，而氮氧化物会产生臭氧。臭氧是一种温室气体，当它位于上层大气时，会对气候变暖产生特别大的影响。喷气发动机还会释放出气溶胶和烟尘，使冰川变黑；也会留下航迹云，虽然听起来无害，但却像温室气体一样，会捕获热量。飞行对气候的总体影响是复杂的，目前仍在研究中，但据估计，总体影响大概是二氧化碳预期排放量造成的影响的两倍。

　　航空公司和发动机制造商已经在竭尽全力"清洁"自己的行业。数十亿美元被投入到飞机的现代化改造中，以设计出空气动力学更高效、材料更轻的发动机。自 1990 年以来，每乘客公里的燃料消耗量已经下降了一半。2009 年，航空业设定了一系列雄心勃勃的目标，包括从 2020 年起实现碳中和增长，到 2050 年将净排放量降为 2005 年水平的一半。但是，这场净化航空旅行的"斗争"持续得越久，碳排放量就越多。现在，我们好像已经到了一个瓶颈，无法大幅提高飞机的效率。

　　解决方案是什么？当然，我们可以减少航班的数量。瑞典人创造了 flygskam（意为飞行羞耻）一词来鼓动人们少坐飞机，还有另一个词 tagskyrt（意为火车荣耀）来表达人们对乘火车出行的自豪感。虽然这种简单的生活化叙述可能会引起一些富裕国家的人的共鸣，但那些寻求生活品质的人，包括那些在西方长期享受轻松旅行的人，不会理会这些。

　　当然，我们走的每一步都是有价值的，每个人都应该尽自己的一份力量。但按照瑞典人的做法，放弃短途飞行而选择火车（或希望渺茫的电动飞机），对解决气候问题起到的作用微乎其微。通勤和区域飞行的二氧化碳排放量仅占航空业的不到 5%。我们需要的是更大规模的改变。

　　我们得对飞机进行重新设计。

想象一下，你可以飞往世界任何地方而不留下破坏自然的痕迹，没有烟尘，也没有二氧化碳——通过氢能可以帮助我们实现这个愿望。

这不是一个完美的解决方案，但是已经相当好了。利用纯氢飞行，你仍然会留下航迹云，但对气候的影响会小得多。部分原因是氢燃料飞机产生的航迹云的冰晶比传统煤油燃料飞机的更大、更透明，这就意味着它们会让更多的地球红外辐射逃逸到太空中。纯氢飞行也会产生一些二氧化氮。在喷气发动机的高温下，空气中的氮气和氧气会先结合产生一氧化二氮，进而再被氧化为二氧化氮。但这个问题可以通过改变催化转换器和发动机的设计来改善，氢燃料飞机产生的二氧化氮应该是煤油燃料飞机的1/5 左右。

总的来说，这将是一种对气候的影响较小的飞行方式，能够被大多数环保主义者支持。这是我们正在追逐的目标。随着科技的快速发展，我相信，我们现在已经比我刚开始写这本书的时候更接近这个目标了。

氢为飞机提供动力的方式主要有两种：直接将其作为航空燃料燃烧；或将其输入燃料电池，然后为旋转螺旋桨或风扇传动的电机提供动力[⊖]。这两种方法都很有效，在不同尺寸和航程的飞机上，能各自发挥最佳效果。

氢燃料电池很可能成为短途飞行的解决方案。德国公司 H2Fly 和新加坡公司 HES 都设计了未来感十足的四座飞机，其中一架在中央发动机吊舱两侧各有一对机身，另一架在机翼两侧各有一串小型螺旋桨。

ZeroAvia 是一家英美合资公司，总部位于美国加州和英国克兰菲尔德，已经从气候基金中筹集了 2140 万美元。亚马逊、微软的创始

⊖ 1937 年 9 月，亨克尔 HeS 1 实验性气态氢燃料离心喷气发动机进行了测试。

氢能革命

人杰夫·贝佐斯（Jeff Bezos）和比尔·盖茨都是 ZeroAvia 的投资者。ZeroAvia 改装了一架现有的六座派珀 Malibu 飞机，使其能利用氢燃料电池飞行。2020 年 9 月，这架飞机从英国克兰菲尔德机场的研发中心起飞，以氢燃料电池为动力飞行了 20 分钟。ZeroAvia 设想组建一个由数架 10 座到 20 座的飞机组成的机队，在今天大部分闲置的小型机场之间飞行。

长途飞行则需要在发动机中燃烧氢气。携带气态氢气可能并不现实，即使压缩到氢燃料汽车储氢瓶使用的 700 个标准大气压，每升空间也只含有 42 克氢气。如果我们想用氢飞行，就必须先对氢气进行液化。

我们也可以把绿氢和二氧化碳（从空气或工业中捕集）结合起来，制成合成煤油——航空燃料的主要成分。这是个不错的选择，可以帮助我们替换掉化石燃料，不过使用合成煤油的飞机仍然会喷出大量二氧化氮和其他污染物。如果用从工业中捕集的二氧化碳来制造合成煤油，最终得到的能量大概是氢能的 1/2；如果使用从空气中捕集的二氧化碳，则是 1/3。

这种合成燃料和其他形式的可持续航空燃料可能是一种权宜之计。一些航空公司已经投资建设了从城市生活垃圾中提炼航空燃料的示范工厂。英国航空公司、壳牌公司和阿塔尔托公司（Altalto）正在开发英国第一个将商业垃圾转化为航空燃料的工厂[1]，每年将 50 万吨不可回收的咖啡杯、食品包装，甚至尿布转化为清洁的航空燃料。在一些地方，人们把锯末发酵成可持续的煤油。但是这些利用垃圾的项目规模较小，不足以使整个行业脱碳。

生物燃料行不行呢？

2016 年，国际民用航空组织（International Civil Aviation Organization）

通过了一项控制碳排放的方案，目标是从 2020 年起实现碳中和增长。在《国际航空碳抵消和减排计划》中，可持续燃料和碳抵消计划之间存在竞争，因此可持续燃料只有在价格合理且效率较高的情况下才会被广泛采用。问题是，可持续燃料要么高效且高价，要么价廉但低效。以大豆和棕榈油等粮食作物为基础的生物燃料对气候有间接的影响，因为对生物燃料的需求会提高粮食价格，还会导致更多的森林被砍伐，来建立新的种植园。基于柳枝稷等非粮食作物的先进生物燃料没有这种"副作用"，但太贵了。因此，目前可持续航空燃料（SAF）的使用量不到航空燃料总消耗量的 1%。航空公司还没有找到一个好理由去花大价钱购买可持续航空燃料。

用纯液态氢飞行显然更有挑战性，好处也更多。

但是，我们真的能设计出能够在接近绝对零度的温度下携带液氢进行长途飞行的飞行器吗？液氢必须在 −253℃以下保存，以防止其沸腾并从储罐中逸出。还有第二个挑战，那就是液氢非常轻，每升只有大约 70 克。四升液氢所产生的能量相当于一升煤油。所以，液氢驱动的飞机不需要特别大，但的确需要扩展部分空间以携带液氢储罐。

这样的飞机能起飞吗？当然可以。1955 年秋，美国莱特菲尔德空军基地的一个实验室决定尝试用液氢驱动飞机。他们在一架 B-57 双发轰炸机上安装了一个补充燃料系统，并对一台发动机进行了改装，使其可以使用氢或煤油，或两者的混合物。1957 年 2 月 13 日，该飞机使用煤油起飞，然后使用改装过的发动机切换氢燃料飞行了 20 分钟。实验进行得很顺利。

20 世纪 80 年代，俄罗斯飞机设计师安德烈·图波列夫（他的飞机设计保持着 78 项世界纪录）决定在客机上进行类似的实验。他的公司重建

氢能革命

了一架 Tu-154 客机，使其三个喷气发动机中的一个可以使用低温液化气体。他们拓展了机身，并将低温燃料箱放置于位于客舱后面，保证绝热和良好通风。这架被重新命名为 Tu-155 的飞机于 1988 年 4 月 15 日首次飞行，证明了氢可以产生足够的推力来驱动一架商用飞机。后来，人们又用液态天然气替代液氢在同一架飞机上进行了测试。Tu-155 共飞行了大约 100 次，直至苏联解体，该项目才结束。

直至 21 世纪初，人们才对氢航空燃料进行了进一步的认真研究。当时，欧盟召集了德国空中客车公司（Airbus Germany）和 34 家其他合作公司来思考这样一个问题：民航怎样发展才能让地球上的每个人都能进行常态且长距离的飞行，而不伤害环境。面对如此极端的挑战，这些航空公司迅速找到了一个同样极端的解决方案：用绿氢为整个航空系统供能。这次评估由空客公司领导，代号为"低温飞机"（Cryoplane）。[2] 再后来，问题就变成了怎么才能实现这个方案。

"低温飞机"的设计工作展现了氢动力喷气飞机的潜力和局限性。一架能利用超绝热储罐携带如此多液氢的飞机将比一架普通的喷气式客机大很多，这意味着飞行阻力增加，因此能源消耗也将增加约 10%。然而，这可以被飞机自身的重量抵消。尽管氢燃料储罐和相关低温设备会增加一部分重量，但氢本身很轻，所以一架装满氢燃料的飞机还是会比一架同样装满普通燃料的飞机轻 10% 左右。结果就是，两架飞机的效率差不多，只不过其中一架对地球的污染要比另一架严重得多。

液氢飞机有几个可能的设计方向。传统设计就是加大飞机上的储罐，这看起来是短期内的最佳选择。从长远来看，最有前景的非常规设计是双臂架系统，也就是把单侧机翼和尾翼通过氢罐连接在一起。这种设计可以把储罐与客舱分离，也被称为联合翼或普朗特飞机。这样更安全，也能防止客舱的热量导致液氢升温。

普朗特飞机在结构上具有优势。由于机尾和机翼相互支撑，这种设计创造了一个更坚固的结构，所以重量可以相应减少。一些研究人员声称，这种设计还能提供空气动力学方面的好处，提供更多的升力。但大型外部油箱也增加了阻力。

翼身融合设计是另一个选择。球形高压容器的重量最轻，而且可以均匀地受力。然而，球形油箱的尺寸要比矩形油箱大，因此很难将油箱放置在飞机客舱上方的区域。相比之下，翼身融合飞机的机翼可以更厚，更容易安装较轻的球形油箱。

"低温飞机"项目还关注了基础设施的需求。毕竟，必须有一些方法来制取和运输氢，并将其装载到飞机上。该项目于 2003 年发表的报告中公布了一个发人深省的结论：尽管液氢储存存在一些特有的问题，但解决起来并不比处理液态碳氢化合物燃料更困难或更昂贵。而且，相比于航空煤油，氢气优势很大。即便泄漏，氢气也会迅速消散到大气中，而不会对环境造成任何伤害；但如果碳氢化合物燃料泄漏，就会对土壤和水造成严重污染。

2020 年，凭着数十年来对氢动力航空的了解，空客公司申报了 150 亿欧元的相关资助，"低温飞机"项目重新回到大众视野。2020 年 6 月 9 日，法国政府宣布了一项支持方案，帮助在新冠肺炎疫情期间陷入困境的航空航天业。该方案包括一项令人震惊的财政激励措施，即哪个公司能在 2035 年之前推出碳中和飞机，并在 2028 年之前试飞，它就能获得 5 亿欧元的投资基金。仅仅三个月后，也就是 9 月，空客公司就宣布了研发世界

氢能革命

上第一架零排放的氢燃料商用飞机的计划。

在空客的 ZEROe 计划中，他们将投资一系列备选的燃料系统和空气动力学配置，并围绕三种概念飞机进行组装。第一种是涡轮螺旋桨设计，最多可搭载 100 名乘客进行 1000 海里（1 海里 =1.85 公里）的短途旅行；第二种使用涡扇发动机，可搭载 120~200 名乘客行驶 2000 多海里；第三种也是涡扇飞机，但机身非常宽，与机翼融为一体，可搭载乘客数量和航程与第二种相同。空客承诺在 2025 年前进行首飞。

法国并不是唯一一个将航空业紧缩转变为改革机会的国家。挪威已经规定，今年 0.5% 的航空燃料必须是可持续燃料，到 2030 年，这个比例要增长到 30%。挪威政府希望到 2040 年所有短途航班都能 100% 使用电力驱动。加拿大在其大部分地区对国内航空燃料征收碳税，每排放一吨二氧化碳需缴纳 30 加元（约合 21 美元）。与此同时，英国政府的"喷气飞机零排放委员会"（Jet Zero Council）召集了劳斯莱斯、空客、希思罗机场、国际航空集团和壳牌等公司，希望能帮助航空业实现绿色复苏。所有这些进展对于氢能在航空的应用来说都是好消息。

这些要花多少钱呢？低温系统的检查和维护是一项新技术，成本比较高，至少在一段时间内会是如此。由于氢燃料密度低，即使使用两倍数量的燃料软管，为氢燃料飞机补给的时间也会比传统飞机更长。这可能意味着每架氢燃料飞机每年的飞行次数要比传统飞机少 5% 到 10%。大飞机可能会花费更多。不过，飞机只是飞行基础设施的一部分，我们还得对机场"下手"。

许多交通工具在机场集合：火车、汽车、卡车、公共汽车、飞机，甚至还有叉车，这里的每一辆车都可以转为使用燃料电池。德国已经开始这样做了，慕尼黑机场的氢动力公交车已经行驶了 35 万公里，而且第一个公共加氢站就建在这里。

安全是需要被优先考虑的问题，但机场可以成为能源转换、储存和分配的枢纽。

支线机场可能会率先行动。因为支线机场航班量相对较少，可用空间更大，跟繁忙的大型干线机场比起来，更容易建造将氢液化并储存的工厂。而且，用罐车就可以把液态蓝氢从附近的工厂运输过来，满足短程飞机的需求。

随着需求的增加，将气态氢直接通过管道输送到机场将变得方便经济，而机场也将拥有自己的液化工厂。虽然这项计划需要一些新的氢气管道，但许多现有的天然气管道稍加改造便可以使用。

对于那些位于可再生能源丰富地区的机场来说，绿氢可能是一个更便宜的选择。这些地区包括水力资源丰富的山区、可使用风力发电的北海沿岸地区，以及可使用可靠太阳能的南欧、美国西南部和澳大利亚地区等。这些机场可以建造自己的电解厂。

有了成熟的供应基础设施，机场就可以成为能源枢纽，通过氢锅炉、燃料电池进行照明和供暖，甚至为附近的工业提供能源。

如果你是来自未来的航空旅行者，那自然不用担心上述问题。事实上，如果氢能真的崛起，你确实可以不用担心空气污染和地球命运等问题了。就算你需要每个月去另一个大陆开会，都没有问题。我们可以在城市度过一个没有负罪感的周末，或者拜访我们远在地球另一边的家人。我们终于可以重拾飞行的乐趣了。

氢能革命

—————

第 19 章

火箭科学

氢是一种能量极高的火箭燃料，已经帮助我们实现太空冒险。在新的发动机和新的形式下，氢将能帮助我们走得更远、更快，甚至能帮助我们到达火星。

氢为火箭提供动力，这与解决气候变化问题看似没有什么关系。但如果要讨论氢作为一种能源载体有哪些优点，就不能忽略氢帮助推动太空探索极限的故事。

这个故事要从莱特兄弟发明飞机之前说起。那时，一位名叫康斯坦丁·齐奥尔科夫斯基（Konstantin Tsiolkovsky）的俄罗斯数学老师已经完成了将人类送入太空所需的相关计算。齐奥尔科夫斯基于 1857 年出生在俄罗斯西部的伊耶夫斯科村。在他 8 岁的时候，他的母亲给他看了一个装满氢气的硝化纤维气球。14 岁的时候，他试着做了一个纸质版本，但失败了。他后来进行了金属飞船的思考，并发表了有关这一想法的论文。对于一个在 10 岁时因耳聋而无法接受正规教育的年轻人来说，他已经做得很好了。

最终，齐奥尔科夫斯基找到了一份有价值的工作——成为数学教师。不过，在他的业余时间里，他还是坚持设计太空火箭和可操纵火箭发动机、空间站和太空城市、气闸和闭环生命保障系统。他还写了几部科幻小说。

齐奥尔科夫斯基知道，要想保持在环地球轨道上，飞行器至少必须达到 8 公里 / 秒的速度。根据牛顿运动定律，这并不难计算，但是齐奥尔科夫斯基还提出了如何利用火箭尾部推力达到这样的速度的理论，这就比较了不起了。

火箭必须携带大量推进剂，所以一开始速度非常缓慢。但随着推进剂的不断减少，火箭的速度会越来越快。齐奥尔科夫斯基提出了一个方程。根据火箭的起飞重量和推进剂消耗速度，这个方程可以告诉你火箭最终能达到的速度。早在 1903 年，他就计算出，单枚火箭可能无法到达环地球轨道，我们最好把一枚火箭叠在另一枚火箭上。所以，齐奥尔科夫斯基进行了另一项发明——多级运载火箭。

通过燃烧燃料和氧化剂，火箭获得升空的推力。在詹姆斯·杜瓦首次制取液氢仅仅五年之后，齐奥尔科夫斯基提出了这样一个理念：液氧和液氢是太空火箭的最佳推进剂组合。相同质量条件下，它们能携带最多的能量，产生最高的排气速度。

液氢液氧推进器在 20 世纪 50 年代才真正飞上天空。1956 年，美国空军投资了一个建造氢燃料飞机的项目。虽然这个项目最终以失败告终，但项目的管理、技术、液化器和其他设备都对宇宙神 - 半人马运载火箭

氢能革命

（Atlas-Centaur，第一个氢燃料火箭）的上面级做出了很大的贡献。当时，美国空军、陆军、美国国家航空航天局（NASA）和美国高级研究计划局（ARPA）都在各自研究大型运载火箭，当 NASA 接到将登月火箭送入太空的任务时，这些机构终于聚到了一起。

土星 1 号各个阶段的设计就能充分说明设计师是如何找到氢的能量和体积之间的最佳平衡的。很明显，液氢液氧无法将整个火箭从发射台托起。液氢的密度很低，这也就意味着燃料箱必须要大，而这会增加重量。大的燃料箱也会增加火箭的体积，同时增加大气阻力。因此，火箭的一级推进器通常由煤油和液氧提供动力；而液氢液氧则作为火箭上面级的推进剂，用于大气稀薄或完全没有大气的地方。

液氢液氧还有一个不可忽视的缺点，那就是在发射前我们得保持住氢和氧的液体状态。在火箭装满燃料几秒钟后，这两种液体就会达到沸点。我们看到的从一级火箭两侧排出的蒸汽通常就是液氧。而液氢的蒸发速度更惊人，用于推进航空飞机三个主发动机的液氢大约有一半会在这个过程中蒸发。

液氢液氧都具有高爆炸性，很难处理，但经过多年的失败和多次的爆炸后，1963 年 11 月 27 日，一枚搭载液氢燃料上面级的火箭终于成功从卡纳维拉尔角空军基地发射升空。以液氢液氧为推进剂的半人马座上面级，被安装在宇宙神系列（Atlas）和泰坦系列（Titan）火箭上，持续推动 NASA 的大多数太空飞行器进入环地球轨道或探索更远的地方。巨大的土星 5 号运载火箭在阿波罗计划中使用液氢将人类送上了月球，而且在 20 世纪 70 年代也曾用于太空实验室任务。航天飞机上的三个发动机每次飞行会燃烧多达 230 吨的氢。

目前还没有人能够仅仅利用氢和氧便将飞行器推进轨道,但英国的一个项目有望取得成功。英国反应发动机公司(Reaction Engines)正在开发一种名为协同吸气火箭发动机(SABRE)的新型发动机。这既不是传统的火箭发动机,也不是传统的喷气发动机,而是一种混合动力发动机。在升空的最初阶段,这个发动机会吸收周围的空气,然后用液氢燃烧。在大约 25 公里的高度,以 5 倍于声速的速度飞行时,发动机将切换到纯火箭模式,燃烧燃料箱中的液氧和液氢,最后进入轨道。有了这样的发动机,航天飞机可以加速离开大气层,并携带两倍的有效载荷进入轨道。

如果能成功开发出这样的发动机,也许能够帮助长途航空旅行转型。"弯刀"(Scimitar)发动机源自 SABRE 的概念,目前正被设计用来驱动一架名为 A2 的全新设计飞机。如果能够成功,仅需四个半小时就能从布鲁塞尔飞到悉尼,而普通飞机则需要一整天。

还有一种更为激进的方法,那就是使用金属氢。科学家认为在数百万个标准大气压的挤压下,氢分子会分裂成独立的质子和自由移动的电子。这可能成为现有最强的化学火箭燃料,效率比液氢的三倍还高。更妙的是,金属氢的密度将是液氢的 10 倍左右,这将使火箭更精简,有效载荷更大。而且,这项技术也许还可以应用在航空旅行和其他方面。这都是很远期的事情,如果在释放了极端压力后氢还能保持金属状态,这项技术才有可能实现,但现在尚无法验证。

虽然火箭发动机让人们看到了氢气爆炸性的能量,但这种多功能气体也能通过燃料电池的形式以一种更安静的方式助力太空探索。

从 20 世纪 60 年代中期开始,NASA 的太空计划便开始使用碱性燃

氢能革命

料电池为卫星和载人太空舱供电，如为双子座和阿波罗号的航天员提供电力、热量和水⊖。液氢和液氧被储存在低温储罐中，作为碱性燃料电池的燃料，为阿波罗指令仓和服务舱提供电力。而且，电池每小时能产生半升水，可用于洗涤、复原脱水食品以及饮用。在早期的尝试中，这种水中溶解了大量的氢，导致阿波罗 11 号的三名航天员遭受了严重的胃痉挛。航天员的反馈被传送回 NASA 任务控制中心，随后，阿波罗 12 号上便再没出现过这个问题。今天，国际空间站（ISS）上的航天员仍以这种方式获取饮用水。

你可能会认为外太空的低温可以让液化气体保持液体状态，所以依靠液氢提供能量会比较方便。而且太空几乎是真空的，热量不会通过对流或传导流失（关于热量对流和传导，你可以想一下身体温度被微风和凉板凳带走）。但热量也可以来自阳光和航天员的活动。所以，在太空任务中长时间携带液氢并不明智。阿波罗计划的每次任务时间相当短，大约持续一周。如果我们想在更长的一段时间内依赖燃料电池技术，比如飞向火星，那么低温储存就不怎么安全了。

未来，远距离任务可以利用太阳能电池板获得能量，但人们还是会使用燃料电池。原因之一是燃料电池可以用作备用电源。当一艘宇宙飞船到达火星并进入轨道后，它会周期性地穿过火星的阴影，必须有除了太阳能以外的能量来源。最好的解决方案是可逆燃料电池，它既能从太阳能电池板获得能量，又能通过电解将水变成氧气和氢气。这项工作会比较复杂，但相对于带很多很重的电池来说，这也会是一个明智的选择。

⊖ 美国总统理查德·尼克松（Richard Nixon）在白宫欢迎发明氢氧燃料电池的托马斯·培根（Thomas Bacon）时称："如果没有你，汤姆，我们不可能登上月球。"

可逆燃料电池也能为航天员提供生命所需的能量。航天员需要呼吸，在国际空间站上，他们通过电解水来获得氧气。而至少到现在为止，电解水产生的氢气在空间站还没什么用处，直接就被排到太空中了。当航天员呼吸时，他们会呼出二氧化碳，而这些二氧化碳也必须从空气中去除并丢弃。为此，人们必须定期向国际空间站运送大量的水，以保持这些过程的进行。往空间站定期运输水是非常奢侈的，在未来，长期任务需要改变这种形式。

所以，现在国际空间站正在尝试用航天员呼出的二氧化碳和电解水产生的氢气来制造水。在这个过程中，一半的氢最终会变成废气——甲烷。如果采用这种方式，人们只需要向国际空间站运送一半的水就行了，外加一点氢。在未来的空间站里，我们可以通过甲烷裂解，建立一个水、氧和二氧化碳之间的闭循环，不浪费一个分子，从而实现自给自足。这种氢技术让人们向首次载人火星任务更进一步。

如果我们真的想要探索太空，甚至开拓太空，我们就需要找到在访问地就地取材制造燃料的方法。最近科学家发现，从月球的极区到冥王星，水在太阳系中无处不在，这是非常令人鼓舞的消息。根据 NASA 的一项保守估计，月球上可能有 6 亿吨的水冰可供我们收集。记住，哪里有水，哪里就有火箭燃料。未来，我们可以在月球上电解水来为火箭制造液氧和液氢燃料。NASA 的法律团队甚至已经提出了在月球上开采水冰所需的法律协议。

利用火星上的物质制取燃料就有点复杂了，但其中涉及的化学反应我们在本书中也已经讨论过了。火星的大气几乎完全由二氧化碳组成，气压仅为地球的 0.6% 左右。这对太空旅行者来说是个好消息，因为利用二氧

氢能革命

化碳中的碳加上氢就能产生甲烷。反应剩下的氧气可以用来燃烧甲烷，这就有了可以在这颗红色星球低重力低气压环境中使用的理想火箭燃料。

但火星上没有氢，至少我们认为没有。然而，2008 年 7 月 31 日，NASA 的凤凰号火星探测器证实了火星上有水冰存在。现在，我们还不确定到达火星后我们需要使用多少冰。也许有一天，我们可以用电解的方法从火星的冰中提取氢，实现在火星就地取材制造火箭燃料的设想。但我们现在还不能拿航天员的生命开玩笑。这就是为什么在未来的载人火星任务计划中，太空探索技术公司（SpaceX）计划首先进行一个携带氢气的无人任务。第一批航天员将能够利用这些氢和火星大气中的二氧化碳制造返回地球的燃料。当他们在火星表面找到水后，就能在随后的任务中就地制造氢。这样，我们就能用这种万能的能源在另一颗行星上立足。

氢气在太空探索中的潜力其实与本书的主要内容无关，但这确实能够表明，我们正在开发的这种应对全球变暖的工具和技术将带来特别迷人的新想法和新机遇。

氢 能 革 命

——————

第 20 章

安全第一

随着氢的用途越来越多，保证安全必须成为我们的首要任务。我们需要清楚风险是什么，并制定严格的全球标准。我们不能犯错，因为即使一点点小事故也会对这个新兴行业造成长期的损害。

1997 年，在一份发给慕尼黑市民的问卷中有这样一个问题：说到"氢"，你会想到什么。[1] 你可能会认为，人们首先想到的一定是兴登堡号空难。毕竟，这是早期航空的一次可怕事故，涉及到工业规模的氢，而且有影像记录。但实际上，与氢有关的最大风险是氢弹。接近 13% 的人在看到"氢"这个词时，想到的是"核末日"。当然，这与使用氢作为燃料时发生的化学反应没有任何关系⊖。但是，同样也是这些人，会在回到家后，在煤气灶上或者是有冰箱的房间里做晚饭。其实 1/3 的冰箱使用异丁烷作为制冷剂，这是一种碳氢化合物，跟氢气一样易燃易爆。我觉得没有

——————

⊖ 氢弹基于为太阳提供能量的核聚变。它产生的能量是我们在本书中谈到的化学反应的数百万倍，而且只在极端温度和压力下才能产生。顺便说一句，氢弹这个名字有点用词不当，因为氢弹并不使用氢，而是使用氢的同位素氘和氚，也叫重氢和超重氢。

氢能革命

人会认为这很危险，反正我不在乎。

我们一直在以一种相当特别的方式衡量环境风险。我们别无选择，因为世界是如此复杂，我们的生活又是如此忙碌。我们依赖于碰巧听到的东西，依赖于群体智慧，我们可能自己都没意识到。

在 1998 年，氢这个词几乎不会出现在人们的日常对话中，除了讨论冷战。也没人在乎在冰箱旁用明火烹饪的固有风险，我怀疑除了白色家电行业的人，没人考虑过这件事。

我们这些看好氢能的人有两场仗要打。首先，我们需要让氢尽可能地安全。然后，我们还必须向那些对氢知之甚少的人解释。这些人其实没时间担心氢的安全性，就像我没有时间躺在床上担心我的冰箱一样。

2019 年 5 月，在韩国江陵市的一家工厂，一个储氢罐发生爆炸，造成 2 人死亡、4 人受伤。初步调查发现，爆炸是由火花引起的，同时氧气也渗入了燃料箱。

就在一个月后，挪威的一个加氢站也发生了爆炸。幸运的是，没有人受重伤，不过有两人因为车里的安全气囊弹出受了轻伤，而安全气囊很可能是由爆炸触发的。

这些都是现代最严重的氢燃料事故。和任何技术一样，氢不是也不会是完全安全的。氢气易燃，且燃烧的火焰肉眼不可见，传播非常迅速。而且像天然气一样，氢气是无味的。其实化石燃料也有风险：每生产一太瓦时能源，煤炭会造成超过 24 人死亡，石油造成超过 18 人死亡，天然气造成不到 3 人死亡。这些数据来自 2007 年《柳叶刀》上的一篇文章，反映的是生产能源的风险，而不是使用能源的风险。[2] 但是，我们已经从处理化石燃料的经验中学到了很多，并可以直接用在氢身上。石油和天然气行业曾经发生过一些非常严重的事故，究其原因，你会发现，几乎总是存在人为错误，或者是安全程序的缺失。想要试图阻止这种情况发生，公司可以进行安全审查，特别是需要关注那些差点发生的事故（称为未遂事故），以制定更严格、更好的安全标准。许多工厂还试图灌输一种"安全第一"的文化，他们都有一个巨大的显示屏来记录距离上次事故的天数，不管事故有多小。

随着氢的使用越来越普遍，氢事故很可能会增加。原因很简单，和"言多必失"一个道理。即便如此，还是有越来越多的证据表明，氢可以安全使用，甚至可能比我们现在每天燃烧的燃料更安全。例如，与其他燃料相比，氢的火灾风险较小。除非空气中的氢气浓度（体积）至少为4%，否则是不会引发爆炸的⊖。相比之下，汽油的爆炸下限仅为1.4%。[3] 如果氢气泄漏到空气中，它会快速上升并消散，浓度很快就会降至爆炸下限以下。

因此，氢气的主要风险并不是管道泄漏，而是少量物质渗漏到封闭的氢气储存空间里。氢在空气中的爆炸上限高达76%，是所有燃料中可燃浓度范围最大的，而且往往只需要一点点火花就能点燃。当浓度达到最易燃的浓度（28%）时，0.02毫焦耳的能量就足以点燃氢气，仅为点燃天然气所需能量的7%。所以，我们得确保储氢空间通风良好，或者在通风不便的地方避免火花和明火。对一个储存100%氢燃料的房子来说，在房间的最高点增加通风口非常必要。

将家用供应从天然气安全地切换到纯氢是一个已知且可控的挑战，但

⊖ 可燃气体或粉尘等与空气或氧化性气体混合后能发生燃烧或爆炸的浓度范围称为爆炸极限，最高浓度称为爆炸上限，最低浓度称为爆炸下限。——编者注

氢 能 革 命

我们绝不能自满。每一栋建筑和每一个供暖系统都有细微的差别，必然会出现不可预见的问题。会有错误，也会有意外，但我们必须尽全力预防。

在运输方面，首要任务是防止泄漏。在过去用氢提供浮力的时候，人们把它装在尽可能轻的容器里。兴登堡号的氢气囊用了超多肠衣，以至于在建造飞艇时引发了全国香肠短缺。现在我们把氢当作一种燃料，就不能装在肠衣里了。

氢燃料飞机的燃料箱一般都设计在客舱之上，所以其实氢气根本就不可能接近乘客或机组人员。而在地面上，现在燃料电池汽车中使用的氢罐是由多层树脂、碳纤维和玻璃纤维制成的。本田 Clarity 的双氢罐由铝和碳纤维制成，可以抵抗极端压力和极端高温。丰田 Mirai 氢罐采用三层结构，该公司表示，其吸收碰撞能量的能力是铁油罐的五倍。为了证明自己的氢罐绝对安全，当时丰田甚至用枪做了试验。当第一批子弹被成功弹开后，他们还用上了大口径穿甲弹。即便如此，也只有在同一地方被击中两次时，氢罐才会破裂。

退一万步讲，就算氢罐真的破裂了，又会怎么样呢？氢气会迅速消散到大气中。储罐的高压虽然听起来很吓人，但实际上很有用，能阻止氧气进入。所以即使汽车漏出的氢气着火，油箱也不会爆炸。当内外压力达到平衡时，燃料箱里也几乎没有氢了，更不可能引发爆炸。相反，如果是油箱破了，情况就危险得多。汽油是一种高度易燃的燃料，它不会像氢气那样逃逸。相反，它会泄漏并在车辆下方聚集，为持续燃烧提供一个现成燃料源。所以，虽然任何可燃燃料都存在固有的危险，但氢确实比汽油更安全。更何况，我们现在已经知道如何安全处理氢燃料。所以在意大利首都最繁忙的街道上，每天都有氢燃料公交车穿梭。

人们需要接受的东西太多了。而且，坦率地说，我们真的不必杞人忧天。相反，我们应该相信设计师和工程师的能力、公司的守法和监管机构的监督。尽管你可能会在头条新闻中看到人们对公共机构已经失去了信心，但当涉及到技术时，人们还是会无条件信任。

2019 年，对于"氢气是否安全"这个话题，一项匿名社交媒体调查向人们提出了两个相关问题。只有 49.5% 的受访者认为氢能源总体上是安全的，而 73.2% 的受访者表示"愿意使用氢能源的交通方式"。[4] 这意味着大约一半的人对氢能持谨慎态度。这个观点很合理，毕竟氢本来是一种火箭燃料，但大多数人还是会愿意乘坐氢动力的公共汽车。这里没有矛盾。人们可能不信任氢燃料，但人们信任公共汽车。他们认为，尽管氢有风险，但认真负责的工程师可以保障安全。这是一种神圣的信任，"迫使"我们这些从事氢能行业的人谨慎诚实，因为正是我们，把这种原本是火箭燃料的东西带到了日常生活的每个角落。

4

第四部分

氢能启航

第 21 章　使命

第 22 章　绿氢弹射器

第 23 章　缔约方大会

第 24 章　消费者骑兵

第 25 章　让氢成为可能

The Hydrogen Revolution

氢能

The Hydrogen Revolution

革命

第21章
使 命

　　为了避免气候变化带来的灾难，我们必须尽快实现氢的全球化愿景。我们必须让绿氢的成本降到一个关键的"临界点"，使其在某些用途上能够与化石燃料展开竞争。在这之后，氢燃料的优势才能得到滚雪球式的增长。如果我们加快速度，应该能在五年内实现这一目标。

　　在美好的日子里，我从满是阳光和风的梦境中醒来，满怀希望，兴奋不已。我想象着一个没有气候变化也没有焦虑的世界。是的，未来会有挑战、争议和悲剧，所有这些都是由持续一个世纪的化石燃料燃烧造成的。但是，我们从新冠肺炎疫情中学到了一个道理：面对全球威胁，手无寸铁和有备而战是完全不同的。

　　现在我们来说说那些糟糕的日子。在那些日子里，我们面临着太多的问题，而又不愿改变自己去解决这些问题。一切都好像没什么进展，这让我沮丧万分。我们还在烧煤、烧木头；我们还没有汲取教训。我们已经充分了解这样做可能造成的灾难，可还是无动于衷。

氢能革命

我们之所以这样做是因为惯性，是因为没有可行的替代方案，是因为我们不想以生命和经济为代价去进行所谓的"革命"，或者是因为我们觉得，即使我们某些人停止，其他人也会继续下去。而且很多时候，我们只是不假思索地重复做着一直在做的事情而已。我们知道自己正在走向灾难，但看起来并不明显。今天看起来似乎和昨天差不多：有邮件要回，有家人和朋友要一起出去玩，有晚餐要吃。生活继续着，充满了戏剧性和复杂性，同时也充满了欢乐。有些人已经放弃了改变，从寻找解决方案转向思考如何适应。

所以问题是：我们还能扭转这一切，在短短 30 年内实现零排放吗？现在我相信我们可以，因为可再生能源和氢气成本的下降让我们看到了一个共同努力构建的愿景。我们不再谈论"减少罪恶感"或暂停一切活动，我们也不再需要在工作和人类的未来之间做出选择。我们现在知道了一个完全脱碳的世界是什么样子——它其实很美好。

这是一个资源丰富的世界。由于可再生能源的生产规模的扩大和生产效率的提高，我们已经获得了所需的所有清洁能源。这里能源充足，而且用得越多越便宜。这是因为可再生能源行业与传统能源行业完全相反。对于煤、石油和天然气，我们倾向于首先钻探最容易钻探的和最浅的储量，然后随着需求的上升或油田的慢慢枯竭，我们逐渐向更深处勘探，去寻找更难从地下开采出来的石油或天然气。所以，我们使用的能源越多，它们的生产成本就越高。

而阳光是免费不限量的，边际成本为零。而且，我们制造的电池板越多，成本就越低。当我们有大量太阳能电池板工厂时，市场就会趋于成熟，生产商就会开始在成本和技术上展开竞争，使价格进一步下降。

为了达到这一目标，我们将投入数万亿美元。供电所需的电池板和风力涡轮机、电网和电池，还有给"减排难"行业用的电解槽、管道和氢燃料电池，这些都需要钱。但是，尽管花费了数万亿美元，阳光却是免费的，所以净零能源系统后面要花的钱可能会越来越少。此外，投资带来的商业活动会对经济增长和创造就业产生积极的影响○。当然，如果我们不投资，一旦房屋、企业和民生受到火灾、洪水和其他气候变化后果的影响，我们至少会损失数万亿美元，甚至可能会失去一切。

在净零的未来，我们可以在任何地方直接使用廉价可再生电力，为我们的电动汽车和新建筑供电。在那些电力无法覆盖的能源系统的角落，我们将使用氢气。为了获得我们需要的所有可再生能源，我们将把电池板和涡轮机安装在离我们家越来越远的地方。如果我们要实现全面脱碳，就必须向外拓展，而对欧洲而言，这意味着向北非、中东沙漠或北海拓展。

通过现有的基础设施，以氢气的形式运输太阳能是最好的方式，成本仅为建造一条输电线的 1/8。[1] 考虑到我们将需要大量的氢来使帮助"减排难"的行业脱碳，这是一个十分方便的解决方案。

向可再生能源的转变已经开始了。我们已经有 2800 吉瓦的可再生能源装机，其中 1500 吉瓦是太阳能和风能（包括 2020 年新增的 240 吉瓦）。[2] 可再生能源的成本已经非常低了，与石油和天然气相比，似乎极具竞争力，特别是不需要在输气管网和燃料电池上投资太多的时候。但在这场能源革命中，我们拥有的氢并不够。为了达到净零，我们需要氢来提供

○ 根据国际可再生能源机构（IRENA）的说法，能源转型在"一切照旧"方式下实现可预期的增长之外，还刺激了经济活动。从 2018 年到 2050 年，GDP 增长所带来的累计收益将达到 52 万亿美元。

氢能革命

我们使用的总能量的 1/4。[3]

到目前为止，氢在能源系统中还微不足道。我们安装的所有电解槽，加在一起能提供几百兆瓦的能量。结合上下文给出的数据，它们提供的氢气仅够驱动大约 7000 辆公共汽车。我们想要大幅提高这一数值，正在动员全球在生产、储存和基础设施方面投资 11 万亿美元。而这一切几乎都是从零开始的。我们究竟怎样才能实现这一目标呢？

两美元"临界点"

如果要充分发挥氢气的潜力，氢气必须要充足、廉价、易于运输、储存和分销。我们还需要大量的氢燃料火车、卡车、钢铁厂和锅炉来充分利用这一宝贵的能源。不过，我们还没有到那一步。氢气现在陷入了"先有鸡还是先有蛋"的困境，即供应等待需求，需求等待供应。现在生产的氢气并不多，所以成本很高，需求很少，而且也没有基础设施来连接供需双方。为了打破这一局面，我们必须得先降低氢的价格，至少在某些应用领域能够与化石燃料竞争。这需要什么条件呢？

让我们先看看今天的情况。在世界上可再生能源丰富的地区，电解制氢的成本约为 5 美元 / 千克（125 美元 / 兆瓦时）。来自化石燃料和 CCS 的蓝氢要便宜得多，约为 2.5 美元 / 千克（62.5 美元 / 兆瓦时），但由于 CCS 项目少之又少，所以蓝氢也少之又少。到目前为止，最便宜的是高污染的灰氢，由煤炭或蒸汽重整生产，价格约为 2 美元 / 千克（50 美元 / 兆瓦时）。

这只是生产成本。下一步，我们还得把氢气从生产的地方运到你想要使用它的地方。目前，输送天然气的管道在技术上基本可以达到随时改成输送氢气的标准，但在这样做之前，得先保证有充足的氢气可用[一]。而且，我们还得修建其他基础设施，包括储存设施和加氢站。在进行从煤炭或石油产品转型所需的投资之前，钢铁厂、货运公司和其他潜在客户需要确保到时候会有足够的低成本氢气可供使用。

进行能源转型的总成本取决于你对氢气运输和储存的投资，以及预计使用的氢气量。如果氢气产量非常少，但却需要大量基础设施，那就不划算了。如果是大规模管道运输，将一千克氢运输1000公里的成本只会增加0.10~0.20欧元。

高生产成本和低产量的结合意味着，现在氢的价格可能高达12美元/千克，或300美元/兆瓦时。相比之下，柴油在美国的零售价为70美元/兆瓦时。如此看来，也难怪有些人会对能源供应成功转为氢能持怀疑态度。他们需要看到成本大幅下降才会愿意相信。

什么才叫大幅下降？这取决于氢气要替代什么燃料，以及随着时间的推移，这种燃料成本的变化，包括这种燃料排放的二氧化碳的价格[二]。下面我以未来几年化石燃料成本和二氧化碳价格将适度上升为前提，进行了粗略计算。当然，这只是一种可能。如果二氧化碳的成本比预期上升得更快，氢的价格就会上涨。相反，如果化石燃料的需求不足导致其价格下降，氢燃料将不得不跟着降价。尽管如此，这种转换成本的浮动计算法仍非常有用，并能提供一些指导。

㊀ 部分原因是，我们需要先支付管道转换和维护的成本，但也因为需要消耗氢气取代甲烷以释放管道中的容量。

㊁ 还有你是否需要自费进行运输和储存，以及是否已经开发了集中的管道和储存系统。

氢能革命

如果你经营一家铁路公司，即使把氢气的生产成本定为 5 美元 / 千克，也不算太离谱。因为行程固定，所以很多火车只需要一个加氢站。因此，在首批氢燃料具备竞争力的行业中，铁路是其中之一。

如果你经营一家卡车运输公司，你可能得进一步降低氢的生产成本，因为卡车比火车需要更多的加氢站。要想在成本上与柴油竞争，氢燃料的价格得降到 3 美元 / 千克（75 美元 / 兆瓦时）左右。卡车运输会是一个大市场，仅在欧洲各国、美国和中国，就会产生 4000 太瓦时的市场需求，即 1 亿吨氢。但想要真的打开这个市场将可能需要一段时间，因为需要先建造大量的基础设施。

如果想要把绿氢应用在许多大型工业用途上，价格需要降到 2 美元 / 千克（50 美元 / 兆瓦时）。到那时，绿氢就可以与灰氢竞争，还可以作为合成氨生产和精炼厂的原料。这将打开一个 7000 万吨的市场，每年价值超过 1300 亿美元。更何况这个市场已经存在，所以很快就可以实现。

为了与供暖用天然气和工业用煤竞争，大多数国家把氢气价格控制在 1 美元 / 千克（25 美元 / 兆瓦时）以下。在这个水平上，氢就可以在世界各地的许多行业取代化石燃料。

对于一些最难减排的行业，如航运业和航空业，只有在社会对二氧化碳增加了大量额外成本的情况下，氢才有可能与化石燃料竞争[注]。

这一价格规模意味着，当清洁氢燃料的价格达到 3 美元 / 千克时，它的发展才会开始加速，并达到 2 美元 / 千克左右的临界点。那时在现有市

[注] 根据新能源财经于 2020 年 3 月发布的《氢能经济展望》，即使氢气的成本为 1 美元 / 千克，也需要 145 美元 / 吨的碳价才能使氢燃料在航运中与燃油持平。

场上，氢气才会变得具有成本竞争力。

我们的任务，就是让氢气价格降到 2 美元 / 千克。

如何达到临界点

如果有人试图向我推销某样东西，但告诉我这个东西的成本需要下降 50% 以上才会有大客户想要，我一般就不会再听下去了。这个过程肯定会持续很久，而且无论我卖的是什么，最后估计都会被其他东西取代。我又何必费这个劲呢？当我的大多数潜在客户计算出今天的绿氢燃料和他们使用的燃料之间的成本差距时，他们也是这么想的。但是，在我向他们展示了将氢的成本减半是多么容易时，我看到他们的眼睛亮了起来。

今天，当我们花 5 美元买一千克氢的时候，大约 3 美元是用来支付制造它的可再生电力，而 2 美元是用来支付我们必须购买的电解槽。关于收益，有这样一个内在假设，那就是提供可再生电力和电解槽的人得每年都赚钱才会继续做下去。现在，可再生电力、电解槽和氢气的成本都在迅速下降。

可再生电力的成本正在直线下降，从 20 年前的 1000 美元 / 兆瓦时已经降至今天的 10 美元 / 兆瓦时。这是我们没想到的，因为我们的预测总是过于保守。

电解槽的成本下降就是我写这本书的原因，我们马上就来讨论。但在此之前，让我们先来考虑一下资本成本的影响：这是人们拿辛苦赚来的钱去投资氢气项目所需要的回报。由于此类项目在很大程度上仍处于试验阶段，目前的预期回报率约为 8%~10%。但随着越来越多的投资者意识到现

氢能革命

在参与能源转型才是更好的策略，这些风险计算正变得越来越有利。可再生能源的基础设施在人类未来长远的发展中发挥着至关重要的作用，现在有大量绿色资本都想要进行投资。

这其中的投资风险也在降低。一些新的氢能源投资项目将得到政府政策的支持，这些政策有助于确保其收益。而且，由于政府在后疫情时代致力于"重建更好未来"，这种政策可能会越来越多。这意味着，氢能源的激励措施不会像化石燃料那样受到价格剧烈波动的影响，而投资风险的降低也有助于降低资本成本。

氢投资的开发和运营也容易得多。我们都不想花了几百万美元钻井后才发现建模有误，矿井里什么都没有。这种情况在我身上发生过几次，让我很不愉快。每个油气项目都是一次冒险，因为每个油田都是不同的，你看不到里面有什么，也预测不了。相比之下，氢和可再生能源就好多了，它们没有被藏在看不见的地下，而是靠制造获得，标准化又可预测。最后，我们也不必担心氢气有地缘政治的风险，因为氢气生产在地理上几乎不受限制。

稳定性、标准化和普遍性，这三个因素降低了投资者的风险，他们不再需要像在化石燃料行业那样要求高回报。

传统来说，油气勘探和生产项目的回报率远高于10%。事实上许多人认为，如今投资者应该要求更高的回报，因为他们的许多同行都准备从化石燃料领域撤资，而与不良资产和二氧化碳成本相关的风险只会上升。可再生能源的拍卖则大不相同，资本回报率只有5%。我们预计，氢应该也在这个范围内。

金融市场和可再生能源成本的变化我们有目共睹。但电解槽成本大规模降低的前景却并不广为人知。电解槽虽然比以前便宜，但还是比它们的实际价格贵得多，主要是因为我们制造的量太少了。世界上所有已经安装的电解槽容量大约是几百兆瓦，与我们在 2020 年安装的 130 吉瓦的太阳能容量相比微不足道。小规模意味着电解槽制造基本上还得依靠人力。我和制造商谈过，并投资了两家公司⊖，结果发现，有些工厂每月只能生产几台大型电解槽，而且有些工作是手工完成的。

如果风能先驱保罗·拉库尔看到我们目前取得的进展，我想他会对过去 200 年的发展停滞感到悲哀。况且电解槽中其实根本没有什么非常昂贵的东西。一旦规模经济发挥作用，它们的成本就会迅速下降。电解槽组件的自动化生产将降低电解槽电堆的成本，规模生产也将降低压缩机、气体纯化、脱盐水生产、变压器和安装等成本。随着生产规模的扩大，供应商的数量也会增加，这将进一步降低成品价格。我们现在正在想办法借鉴大屏幕电视的经验。第一批 42 英寸等离子电视在美国的售价为 1.5 万美元，现在你可以花 300 美元就能买到同等大小的 LED 电视。

一种叫学习率的方法可以模拟这个过程。学习率指的是当装机容量翻倍时，成本下降的百分比。学习率可以告诉我们哪些技术在未来可能变得更容易获得，哪些技术是成熟的。例如，陆上风力涡轮机一直在以 12%的学习率发展，而光伏技术的学习率高达 24%，着实令人惊叹。

电解槽呢？彭博社（Bloomberg）的一项分析得出结论：碱性电解槽的学习率约为 18%，而技术还不太成熟的 PEM 电解槽学习率甚至更高，为 20%。[4] 因此，如果我们把世界上所有电解槽的产能翻倍（目前来说，

⊖ 林德电力（PEM 电解槽制造商）与迪诺拉工业（为碱性电解槽制造涂层）。

氢能革命

这并不困难），它们的成本应该会下降近 20%。

最终，随着技术的成熟，成本会降到一个最低价。那电解槽的底价是多少呢？在罗马举办的氢气活动"氢挑战"中，我们采访了制造商。结果，从今天欧洲近 1000 美元 / 千瓦的参考成本来看，一些公司认为，如果需求足够高，他们可以以 150 美元 / 千瓦的价格建造电解槽。根据可靠估计，从长远来看，电解槽的成本将降至 130 美元 / 千瓦。[5]

下面的表格显示了不同的成本元素是如何相互作用的。如果采用可再生能源成本下降的主流预测来确定在未来几年将有多少台电解槽投入使用，并对其采用合理的学习率，然后采用资本成本计算，你就会得到绿氢的长期成本预测。使用相同的模型还可以反向计算达到 2 美元 / 千克临界点所需的容量。

表 6　氢成本下降，按不同组成划分

年份	可再生能源成本 /（美元 / 千瓦）	电解槽容量 / 吉瓦	电解槽资本支出 /（美元 / 千瓦）	氢成本 /（美元 / 兆瓦时）	氢成本 /（美元/千克）
2010 年	360	无	1500	600	24
2019 年	30~45	0.3	950	100~140	4~5.5
5 年后	20~35	25	330	45~70	2~3
10 年后	15~27	50	270	35~55	1.5~2
大规模应用	10~13	>50	170	22~28	<1

这个表格最初是在我们在 2019 年发表的一篇研究报告中提出的。每年我们都会对照市场趋势，然后发现事情的发展速度比预期要快。这个表格非常有用。有些人在讲解相关问题时，甚至会把它当成资料，翻译成不同语言又拿给我看。

对于可再生能源的成本，我们采用了公开的成本曲线，比如彭博社提供的那些。我们将电解槽的学习速度保守地设定为 15%，而不是彭博社预测的 18%~20%。把这些数据代入这个模型，我们计算出在未来五年内，我们只需要 25 吉瓦的容量，就能让氢的成本在世界上许多地区降到 2~3 美元 / 千克。在太阳能和风能最充足的地区，氢的价格甚至可以低于 2 美元 / 千克。

这听起来可能很夸张，但事实上太阳能（世界上成本最低的能源）拍卖的中标价格是 10.4 美元 / 兆瓦时，而中国生产的世界上最便宜的电解槽的价格是 200 美元 / 千瓦[6]，绿氢的理论成本完全可以低至 1.5 美元 / 千克。

预测是一门艺术，而不是一门科学，因此不必纠结于数字是否精确。我们只是假设，为了使氢气成本在世界某些地区降至 2 美元 / 千克，成为卡车、火车或化肥厂使用的经济燃料，25 吉瓦就是我们需要在全球范围内建造的电解槽容量[⊖]。

也许你会觉得绿氢从每千克 5 美元降到 2 美元有点难，但 Nel 认为，到 2025 年，氢的价格将降至 1.5 美元 / 千克。而且，美国能源部在 2021 年 6 月发起了"能源地球发射计划"，期望在 2030 年之前将清洁氢的价格降至 1 美元 / 千克。

我们需要支持政策和激励措施来实现这一目标，但这只是短期的。之后的自由市场经济将取而代之。需求上升，成本将进一步下降，从而打开万亿级美元的新市场。在大草原上，氢气将免费供应，无须税收、补贴或其他援助。从长远来看，氢的成本可能会降至 1 美元 / 千克以下。在这个

⊖ 鉴于氢气目前的情况，25 吉瓦的电解槽容量似乎有点大。但是，国际能源署的特别报告"2050 年实现净零排放"预测，到 2030 年，电解槽的产能将达到 850 吉瓦。

氢能革命

水平上，氢气就可以在某些应用领域与煤炭竞争。

当然，这些都是从生产成本的角度考虑的，而如何提高氢在与化石燃料竞争中的能力还要靠扩大基础设施建设，以便进行廉价的规模化运输。因此，将政策支持重点放在基础设施方面也是有道理的。

三个 C，让一切变得更快

氢气是个好东西，所以最终肯定能达到 2 美元 / 千克的临界点。但是，如果我们仅仅依靠市场力量，那可能需要很长时间。而我们却没有那么多时间。我们将不得不依赖已经具有经济意义的绿氢，以及可再生能源生产的有利地点。随着太阳能和风能成本的进一步下降，更多的小众市场将逐渐开放，比如非电气化火车。但是靠这样零零碎碎的进展，想要达到 2 美元 / 千克的临界点和进入大众市场，我们还得等很久，很可能得在2040 年之后。

这显然远远不够。当绿氢的应用缓慢发展时，所有那些"减排难"行业会继续向大气中排放温室气体，增加我们达到错误临界点的风险，给气候带来灾难性的后果。

由于进展太慢，我们也有可能错过应用氢气的好时机。2020 年到2030 年之间，欧洲大约 50% 的钢铁和化学品产能将需要再投资 [7]，这意味着许多老旧工厂的机器将需要更换。如果氢气无法及时实现大规模生产，这些投资可能会投向现有的技术，结果就是，我们要么得再使用化石燃料 15~20 年，要么得在上述机器使用寿命结束前把它们扔掉。

通过快速创造需求，我们可以更快地降低成本，然后整个世界都能从具有成本竞争力的氢气中受益，就像可再生能源发电那样。今天每个人都受益于廉价的太阳能和风能，因为一些欧洲国家资助了学习曲线，成果惊人。这意味着更少的总体补贴，更低的总体排放，更少的资产搁浅风险。简而言之，就是更划算。

因此概括来说，我们需要加速，并且现在就应该刺激需求。我们需要一个明确的目标，在这一点上，我投"五年内实现 2 美元 / 千克的氢价"一票。

如上所述，这需要建设大约 25 吉瓦的电解槽产能，相当于我们每年建设的太阳能和风能容量的 10%。我们还有五年的时间，所以应该可以实现。要做到这一点，有三个关键步骤，涉及到企业、政府和公众，我称之为 3C：公司（Companies）、能效比（COP）和消费者（Consumers）。

第 22 章

绿氢弹射器

企业会率先进入氢燃料领域。为此，一些企业正在努力提高自己的绿色资质。一个新的全球联盟——绿氢弹射器（Green Hydrogen Catapult）已经开始在需求和供应之间扮演起"媒人"的角色，但这还不够。我们还需要千兆瓦电解槽工厂来帮忙。

我刚开始工作时，世界上大部分企业的主要目的是为股东赚钱，这符合美国经济学家米尔顿·弗里德曼（Milton Friedman）的观点。他们通过追求自身利益，创造人们想要的商品和服务，雇佣工人，也会依法纳税，总体上来说，有利于社会。但事情并不总是这样发展的。雷曼兄弟（Lehman Brothers）的破产以及随后发生的经济衰退让人们发现，企业（或者高薪公司经理）的短期利益可能与对整个社会有益的利益是冲突的。

人们随后进行了反思，对企业角色的看法也发生了转变。人们不再期望企业先追求利润再做好事，而是希望他们可以首先追求社会目标，从而赚更多的良心钱。这两种理论在某种程度上是一致的，都认为企业为社会带来的价值和企业为所有者创造的价值之间存在着长期联系。但企业关注的重点已经有所改变。

总体而言，绝大多数企业挺过了 2020 年的新冠肺炎疫情，基本服务也得到了维持。居家办公完全可行，而且比我们想象得更高效、更顺利。饱受诟病的制药行业也以极快的速度提供了疫苗。事实上，2021 年由3.3 万人参与的在线调查《爱德曼信任度晴雨表》（Edelman Barometer of Trust）显示，人们对企业的信任度高于政府、媒体甚至非政府组织。因此，企业才总是站在解决气候变化问题的最前沿。这可能是一件好事，因为企业带来了速度和创新能力。

微软、亚马逊、苹果、谷歌、联合利华、宜家等许多企业在各自的领域都处于世界领先地位。它们想成为行业老大，做得最快最好。这些企业拥有与某些国家相当的财政实力，其中许多企业也在带头承诺应对气候变化，例如亚马逊的"气候承诺"——承诺在 2040 年前实现《巴黎协定》的目标。作为该协议的第一个签署方，亚马逊承诺到 2030 年购买 100%的可再生能源，订购 10 万辆全电动汽车，并投资 1 亿美元在世界各地植树造林。微软也做出了一个非常有趣的承诺，希望到 2030 年实现"负碳排放"；到 2050 年，吸收掉自 1975 年成立以来所排放的所有二氧化碳。在他们争相向客户提供日益绿色的产品和服务并吸引可持续投资基金的过程中，这些企业可能成为清洁氢气的首批大宗买家。这是为绿色卡车提供100% 绿色燃料、为数据中心供能和为办公室供暖的唯一途径。

作为先行者，这些企业不得不以相对较高的价格购买氢气，也就是目前 5 美元 / 千克的生产价格。运输和储存成本可能也不便宜。有多少成本会转嫁到消费者身上呢？我猜测很少。与这些企业的规模及其产品和服务的成本相比，这几乎是"九牛一毛"。

在美国，安海斯 - 布希已经在使用一支氢燃料卡车车队运送啤酒[1]，对于这样的企业来说，氢燃料在其业务成本中所占的比例相对较小，而且使用氢燃料卡车运送一瓶啤酒的成本也不多——大概是 0.5 美分⊖。但想想这样做能带来的正面效应简直物超所值。因此，如果更多行业领导者能够在氢能源领域一马当先，做出示范，他们将为氢能供应规模的扩大铺平道路。

"弹射器"

2019 年，我受邀参加达沃斯世界经济论坛。在与《联合国气候变化框架公约》第 26 次缔约方大会（COP26）主席⊜的晚宴上，我拿出了这本书的早期版本，翻到了表格 6。像往常一样，我试图向人们展示我们是多么接近氢气价格的"临界点"，几乎触手可及。在他们脸上，我看到了我期盼的那种表情。我们一致认为，如果想要开始转变，就需要一个疯狂的计划，这会带来更多的对话。

他们最终组建了一个全球联盟，叫作"绿氢弹射器"。2020 年 12 月 8 日，斯纳姆和其他六家公司在伦敦发布了"绿氢弹射器"（简称"弹射

⊖ 粗略估算一下：一辆卡车运送 10 万罐啤酒，每次往返氢气的额外成本是 200~400 美元，浮动取决于距离。

⊜ 当时是克莱尔·佩里·奥尼尔。

器"）计划[⊖]。其愿景是将氢消费者、生产商和基础设施公司聚集在一起，到 2026 年实现 2500 吉瓦的电解槽产能，并在 2020 年之前在世界一些地区实现将氢价格降为 2 美元 / 千克的目标。这个目标虽然野心勃勃，但我们以前就实现过类似的目标，最近也实现过。"弹射器"计划的合作伙伴之一，ACWA 电力在一些地区以低于 0.02 美元 / 千瓦时的价格提供光伏能源，在竞争中处于领先地位。

"弹射器"计划的部分愿景是，锚定一个目标使其更有可能实现。生产商会获得信心，他们相信自己的项目将以 2 美元 / 千克的价格供应氢气，消费者也相信这种燃料将以规定的价格供应。银行更愿意为项目提供资金，因为他们相信这些项目会盈利，而政府也更有可能支持他们早期的努力。

为了实现这一目标，"弹射器"计划需要吸引其他公司，并将重点放在那些行业领袖提到的潜在氢买家身上。许多银行已经表现出了兴趣，这就是"做媒"的开始——在早期供应商和早期潜在买家之间建立联系。

"媒人"

斯纳姆已经不是第一次扮演媒人去开拓新市场了。20 世纪 50 年代，斯纳姆就开拓了意大利的天然气市场。在此之前，意大利虽然已经发现了大量的天然气，但没有人知道如何利用它们。事实上，那些头发花白的勘探家一旦发现了天然气，就会厌恶地把洞塞上，希望下次能挖出石油。当

⊖ 这六家公司分别为 ACWA、CW 可再生能源、远景能源、伊维尔德罗拉、沃旭能源和雅苒。

氢能革命

时天然气没有市场，也没有能将天然气输送到市场的途径。

但这些斯纳姆都有，我们通过向能源密集型行业推销更便宜、更清洁的天然气，创造了需求。一旦累积到足够多的需求，运输就变得划算了。所以斯纳姆建造了一条管道，将需求与供应连接起来。到 1948 年，斯纳姆建成了第一个 257 公里长的管道，将帕尔玛附近的天然气田与米兰和洛迪的工业区连接起来。1960 年，天然气管道已经长达 4500 多公里。在 20世纪 70 年代和 80 年代，斯纳姆将现在发达的意大利天然气网与俄罗斯和北非的天然气供应连接起来，这些设施直到现在仍在使用。天然气的普及为意大利的经济奇迹做出了巨大贡献。1950 年至 1970 年间，意大利人均实际收入增长了两倍；到 1990 年，意大利成了世界第五大经济体。

对于氢，我们和其他天然气公司也可以采取上述方式来加以推广。2美元 / 千克的价格很快就能达到，我们可以利用充足、廉价的供应来满足总体需求。然后，我们就可以将现有的基础设施换成输送氢气的管道。随着基础设施遍布各国、连接世界各地，它们肯定会带来充满流动性的市场，降低成本，以此来保障消费者的能源供应安全。

各公司也可以通过联合供应来加速绿氢的发展，而生产商之间的合作可以加速电解槽的发展。我们可以借鉴空客的经验。当初，英国、法国和德国的飞机制造商们决定整合项目和资源，与波音（Boeing）、洛克希德马丁（Lockheed Martin）和麦克唐纳道格拉斯（McDonnell Douglas）开展竞争，于是成立了空中客车公司。

斯纳姆于 2019 年 11 月在英国《金融时报》上发起了一项提议，并在达沃斯世界经济论坛上重申了这一提议，即在欧洲建立一个千兆瓦电解槽工厂，用来扩大生产和降低成本，满足消费者的需求，同时创造新的就业机会。

　　"弹射器"计划各方已经开启了各种合作，加速突破必要的技术，加快组件制造工程建设。这样，相关企业就可以开始启动首批新项目。但如果没有其他支持，单靠企业自身是无法成功的。此外，我们还需要政策支持，以及来自政府的大量资金（远远超过目前的金额）。目前"弹射器"计划已经引起了政策制定者的兴趣，这是件好事。

氢 能 革 命

第 23 章
缔约方大会

政府可以通过制定政策来促进氢的需求和供应。通过在天然气网中混合一些氢气，可以打造一个即时而灵活的市场。一些行业或地区已经基本上准备好"拥抱"氢气了，政府可以助他们一臂之力。剩下的事将是对国际前景和研发的关注。

多年来，全球政府气候会议一直没取得像样的成果，令人失望。在世界上大多数国家都签订了《巴黎协定》之后，国际共识却出现了裂缝。不过，这一切即将发生改变。在写这本书的时候，COP26 将于 2021 年底在英国格拉斯哥举行。这届和未来 COP 会议的一个关键目标将是让更多的国家、企业甚至个人签署净零排放协议。

正如我们所看到的，净零排放提供了一个积极的气候目标。作为净零排放的重要组成部分，我预计很多国家都将进一步推进氢的发展。但重要的是，也不需要所有人都参与。为了使氢具有竞争力，个人能创造的需求在大背景下不值一提。由已经做出氢承诺的国家组成的意愿联盟，将有足够的力量来改变现状。

什么样的政策支持才是最有意义的呢？正如我在第 4 章中说过的，许多经济学家会告诉你，全球碳税或碳价格将是最好的政策工具。原因很简单。减少碳排放的行动不同，每减少 1 吨二氧化碳的成本也不同。跟使用化石能源相比，使用太阳能和风能发电更便宜，因此，消除二氧化碳的成本为零，甚至为负。其他的选择会比当前的选择更贵，所以我们需要为减少二氧化碳排放增加一个隐含的额外成本。下面的图表显示了以不同方式进行二氧化碳减排的成本。

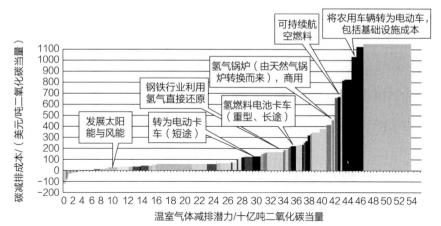

温室气体减排成本

图片来源：高盛全球投资研究[一]

[一] 本书所述观点不一定代表高盛的观点。

氢能革命

　　大多数时候经济学家认为应该首先去除最便宜的二氧化碳。如果在全球范围内征收碳税，比如不得不为每吨二氧化碳排放支付 50 欧元的费用[⊖]，人们会立刻采取比这便宜的措施来去除二氧化碳，例如从煤炭转向天然气，或从煤炭、石油和天然气转向可再生能源。随着时间的推移，政府可以提高税收，鼓励成本更高一点的减排选择。

　　碳价的情况也会是这样。企业将被分配"污染许可证"，并强制实施减排。这也被称为"配额交易"（cap and trade），企业要么超额完成自己的目标并出售许可证，要么就得再花钱购买许可证。所以每年企业都会面临一个决定，那就是在工业生产过程中是否应该减少二氧化碳排放，减少多少也是值得关注的问题。他们往往不会考虑购买或出售许可证，而会选择更便宜的方案。每年，他们将不得不实现更多的减排，而许可证的价格也会上涨。20 世纪 90 年代，美国就是用这种策略控制了二氧化硫和氮氧化物的排放，解决了酸雨问题。当时担任马萨诸塞州副州长的克里（Kerry）参议员刚刚开始了他的政治生涯，就大胆地采取了这种策略。

　　征收碳税或制定碳排放价格，显然会比现在有效得多。目前，我们正通过具有不同隐性成本的个别举措来解决这个问题。我发现，令人震惊的是，全球约 40% 的排放可以在低碳价格（低于 50 美元 / 吨）的情况下消除，另外 40% 需要 200 美元 / 吨以上的二氧化碳排放成本，而使用现有技术，最难以减少的 20% 则需要 700 美元 / 吨以上的价格。

　　但是碳税或碳价普及到全球可能还要很久。这并不意味着碳价在氢

⊖　这不是信口开河。在写这本书的时候，欧盟排放交易体系的二氧化碳减排成本高于 50 欧元 / 吨。

200

能革命中没有作用。一些国家和地区将引入本地碳价，如欧盟排放交易体系（EU-ETS）。进口商必须支付与其商品碳含量相当的税，这种情况叫边界调整，很可能会刺激那些希望向欧洲出口的国家引入自己的平行排放交易体系。因此，随着时间的推移，我们可能会得到一个松散的碳市场。通过提高化石燃料的价格，这个市场将逐渐有助于提高氢燃料的竞争力。

但"慢慢地"显然不行，我们得加快这一进程，尽快达到临界点，否则到 2050 年，我们将没有足够的绿氢来填补 1/4 的能源系统缺口。成本最低的方法是有效的，但我们也需要开始学习新技术，这对实现净零排放至关重要。

在确定成本最低的方法之前，我们就应该开始行动了。我们得用尽全力，而且应该从最可能需要的投资领域开始。如果需要先做出主观判断再去决策，我宁可选择早点开始行动。尽管有些领域的投资很重要，但我们可能得做点取舍。与另一种可能发生的情况，也就是失控的气候变化相比，钱就显得不值一提了。

那些想要帮助降低氢成本（即需要 25 吉瓦电解槽容量）的国家应该考虑以下六个主要策略或措施。

掺氢

第一个措施是在天然气网中掺入绿氢。这是一种可以立即增加需求的方法，无须改变基础设施或等待特定消费行业的发展。我们可以立即开发电解槽，逐步安装氢锅炉。研究表明，5%~10% 的氢气可以混入现有的天

氢能革命

然气网中[○]。这带来了绝佳的机会。例如，如果欧洲只需要在天然气中混入 5% 的绿氢，电解槽容量需求就将增加到 35 吉瓦，这是我们达到 2 美元临界点所需的两倍。

一些人认为，掺氢得不偿失，因为这种昂贵的能源将被用来替代天然气，而天然气是成本最低、二氧化碳排放也最少的化石燃料。由于我们不需要改建任何基础设施，所以总成本并不会太高，多出来的只是燃料的差价。如果我们能够将氢气掺入天然气网中，我们就可以直接供应，而不用再费心去寻找第一批消费者。这将鼓励我们在效率最高的地区生产氢气，为氢气行业的发展奠定坚实的基础。

掺氢只是权宜之计。你可以把氢气的比例调高或调低，只要保持在物理边界内就可以，这可以让价值链变得更加灵活。一旦氢气生产达到一个合理的规模，我们就可以用管道来输送纯氢气，并逐渐拓展消费终端。如果分离天然气和氢气的薄膜价格低廉，我们还可以继续在管网中进行混合，然后用薄膜为每个客户提供他们需要的气体。

欧洲 / 日本涉及的额外成本相对较小，大约每人每年 8 欧元。这个金额与欧洲司机在为汽油中强制添加生物燃料而支付的成本相当。但我认识的所有司机都对这个计划一知半解。这个计划的成本非常少，所以可能会在燃油价格的波动中就抵消了。同样没人会在乎，每次煮意大利面可能得为即将到来的氢能革命多支付 0.125 美分。不过话说回来，对于这个支出

○ 其实掺混并不一定是物理混合。一个国家可以强制要求天然气供应商在其总产品中必须有 10% 或其他比例的天然气是低碳或可再生的。然后，天然气供应商就会自己寻找能为这种脱碳气体支付最高价格的行业。在考虑了所有成本后，利润将达到峰值。一般来说，任何依赖液氢市场的计划都需要《原产地证明书》，以证明氢气确实是绿氢（或蓝氢），这种证明书应该像证书一样可以交易，用来抵消碳价格。

的成本，人们是有知情权的。

这样的掺氢指令将产生戏剧性的影响，一举创造出足够的需求，帮助氢在其他市场上与化石燃料展开竞争。

行业支持

另一种策略是追求更容易实现的目标，也就是那些只需要一点点财政鼓励就能创造氢燃料早期用户的行业。目前来看，这些行业所使用的燃料和氢燃料之间的价格差异并不是很高，或者他们不需要很多配套的基础设施，又或者他们需要大量的投资来支撑发展。

重型公路运输行业就是个不错的选择。对于卡车和公共汽车来说，氢和柴油的成本差价并不大，有些部分可以被燃料电池相对于传统内燃机的高效率所抵消。因此，要求燃料供应商必须利用绿氢提供部分能源可能不是什么大问题。

要想让人们愿意使用氢气卡车，我们得建造大量的加氢站，但这会增加大量的成本，还有就是将氢气送入这些加氢站的运输环节也需要一部分成本。值得我们注意的是，这一切的前提都是我们已经有了纯氢管网。首先，我们可以关注那些要么有固定路线，要么在仓库过夜休息的公共汽车或卡车车队，并选择靠近可扩大绿氢生产规模的地区。但如果欧洲10%的运输卡车被改造成使用氢能，我们需要25吉瓦的容量。

相关要求不一定非得是政府政策才能得到很好的执行，如果整个行业由同一家机构管理的话也可以。这就是全球航运的运作方式。国际海事组织（International Maritime Organization）热衷于推行其环保认证。

氢能革命

通过努力，硫黄已经成功从船舶燃料中去除。现在国际海事组织可以为全球氢市场的起步做出贡献。诚然，在航运中用氢取代化石燃料价格不菲，但考虑到该行业的规模，我们并不需要追求高份额。如果世界上有1%的船舶使用氢燃料，那么就需要20吉瓦的容量来满足由此产生的市场需求。

很多行业也在寻求授权或激励来进行能源转换。在这一点上，稍微取得进展也是有意义的。用绿色能源取代世界上一些巨大的灰氢市场的成本相对较少，其所需的基础设施都已经到位。

如果欧洲决定在当前的灰氢使用中强制要求加入10%的绿氢，仅这一项就需要15吉瓦的电解槽容量。我们也不需要每家企业都达到10%标准，如果一家企业能够100%使用绿氢，也可以将多出来的部分卖给其他人。

类似的逻辑也适用于需要氢来脱碳的行业，比如钢铁行业。与传统钢铁生产中使用的焦炭相比，绿氢现在的价格过高，但我们可以在政策上进行补贴[⊖]。我们并不希望建造新的高炉，因为这些高炉要么会继续造成污染，要么会被抛弃或报废。

表7　不同情况下需要的电解槽容量

政策	氢容量
欧洲天然气网的5%	35吉瓦
目前欧洲灰氢市场的10%	15吉瓦

⊖ 碳差价合约（CCfDs）支付的是欧盟排放配额（EUAs）的价格与合同价格之间的差额，从而有效地保证了项目的碳价。作为这种保险的交换，如果碳价超过合同的执行价格，投资者就有责任支付。

（续）

政策	氢容量
欧洲卡车运输业的 10%	25 吉瓦
全球航运业的 1%	20 吉瓦
欧洲氢策略	40 吉瓦

氢谷

第三种政策措施是建立氢谷，使需求源和供应源在物理上彼此接近。

我们可以选择一个潜在大客户，如精炼厂或化肥厂，并在其附近设置加氢站。工业区通常离港口较近，所以氢也可以在同一地区为船只提供燃料。通过将需求集中，必要的运输、分配和储存基础设施可以得到优化。港口是建立氢能产业集群的好地方，因为可以进口氢气，而且附近已经有很多产业。能源过渡委员会发布了一张地图，显示了南欧有可能成为第一批氢气产业集群的位置。

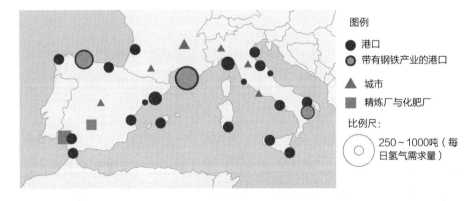

南欧潜在的氢气产业集群

城市方案，如 H21 项目中设想的方案，实施起来更为复杂，但对于将氢气输送到接近终端消费者的地方是有用的。二者都需要激励措施来补偿用户多出来的燃料成本。

供应侧支持

可再生能源革命是由大手笔的补贴推动的，这些补贴旨在鼓励企业家生产可再生能源。这为设备制造商提供了一个长期的可见市场，因此他们可以逐步建造更大的工厂，并从规模经济中获益。

如果我们只是付钱给制造商，让他们扩大设备生产，建造巨型超级工厂，我们能以更低的成本达到同样的结果吗？正如我们所看到的，欧洲消费者的成本接近 1 万亿美元。直接扩大供应应该会更有效，而不是等待补贴的影响慢慢扩散。各国应该记住，建立超级氢工厂可以创造一个全新的产业，还能提供超多就业机会。

进出口

在各国政府考虑推动氢能源发展的政策时，他们应该从长远来看供应将从何而来。对许多国家来说，进口氢气可能很方便也很必要，而另一些国家则具备出口的优势。

为了解决这个问题，德国进行了两边押宝——提出"全球氢气政策倡议"。供应商会被问及他们能向德国出口多少氢气，以及氢气的价格。德国国内工业企业会被问及他们需要多少氢气，以及他们能够支付的价格。

而政府则将最低成本的供应与最高价格的需求相匹配，并弥补差价。

由 23 家能源输送公司联合发布的"欧洲氢能主干管网"倡议已经研究了潜在的氢气供需领域，以及现有的天然气网，并找出了哪些部分可以慢慢改运氢气。结论是，到 2040 年，欧洲将拥有 4 万公里的氢气管道，潜在的进口路线包括北非、北海和地中海东部。欧盟副主席蒂莫曼斯（Frans Timmermans）曾经说到过从北非进口氢气到欧洲的好处。2019 年，在欧洲议会的一次演讲中，他说："我想要与非洲建立合作，尤其是北非。我们将大幅提升太阳能生产产能，并将其转换成氢能生产，然后出口到世界各地。"[1]

研发

氢能革命并不依赖任何新技术，只依赖于现有技术的规模扩大。但在氢气生产、运输和储存方式、用于将氢与甲烷分离的薄膜以及其他很多领域都有较大的创新空间。

现在的电解槽使用的是稀有金属材料。我们越早找到替代材料，电解槽就越具可持续性。而且由于制取每千克氢气需要 9 升淡水，所以该行业需要在脱盐技术上进行投资，这将有助于提高全球许多地区水的可用性，并降低水的成本。

与其等待慢慢创新，不如通过大型公私企业合作研究，将创新进程提前。研发支出能立即创造就业机会，而且回报很高，前提是创新能带来回报。研发能更快地降低氢气的生产成本，如果不同的国家和公司在研发上进行合作，还很可能会建立新的商业伙伴关系。

氢能革命

国际联盟

我认为，越来越多的国家会关注到氢气带来的重大机遇，并采用政策推动，尽快实现氢能的应用。从欧洲各国到中国、沙特、日本、智利、澳大利亚、韩国、阿联酋，许多政府都已经公布了氢能战略或开始采取行动，以此来兑现承诺。

欧洲的氢能战略进展得尤其顺利，这是《绿色协议》中提出的2050 年碳中和路线图的一部分。2021 年 1 月，欧盟委员会主席乌尔苏拉·冯·德莱恩（Ursula von der Leyen）在与国际氢能委员会（Hydrogen Council）会谈发表演讲时表示："清洁氢气是实现'气候中性'目标的完美手段……从清洁氢气的角度考虑，我们能够让经济与地球和谐共处。"

2020 年 7 月，欧盟发布了"气候中性欧洲氢能战略"，这一战略的重点是扩大欧盟电解槽产能，目标是到 2024 年，把现在的 60 兆瓦产能增加到 6 吉瓦，到 2030 年增加到 40 吉瓦——远远超过所需的产能。

欧洲各国把重点放在了可以轻松转换为氢燃料的应用上。例如，德国正专注于碳密集型产业的能源转型，如化工、钢铁和水泥等行业；葡萄牙计划投资 70 亿欧元，使自己成为氢出口国，并计划将高达 7% 的氢混入天然气供应。

欧盟各国做了很多努力，包括新的太阳能和风能发电、运输、分配、储存和燃料补给，这些措施的成本在 3200 亿欧元到 4600 亿欧元之间。[2]预计政府和私营部门都将提供资金，其中一些资金将来自一项名为"投资欧洲"（Invest EU）的投资计划。此外，规模达到 7500 亿美元的"下一代欧盟基金"将支持绿色和数字行业在后疫情时代重振。对于任何想要投身大规模氢项目建设的人来说，这是一个寻找资金并推动整个领域发展的大好机会。

一些国家和地区正在寻求特定的贸易机会，这使它们的氢经济呈现独有的特点。

日本自己的自然资源很少，而且在福岛核事故发生后，也放弃了核能；澳大利亚阳光充足，但不知道如何利用。现在他们正准备一起打造一个巨大的产业链条，专门为日本市场生产易于运输的来自澳大利亚的氨原料。

在各地如何发展氢经济这一方面，地理和地质条件是关键因素。我认为最令人惊叹的例子是智利。目前智利近一半的能源来自可再生能源，预计到 2030 年，这一比例将上升到 70%，到 2050 年将上升到 95%。智利政府相信，到 2030 年，绿氢将比灰氢更具成本竞争力。这不是盲目自信：智利的绿氢潜力巨大，其可开发量大约是目前装机容量的 70 倍。由于地理位置的多样性，智利北部有充足的太阳能，中部有氢能，南部有风能，都可以用来发电。而且由于国家版图细长，这些资源靠近航运路线。作为双边气候贸易协定的先驱，智利不仅要实现本国的净零排放目标，还希望将氢气（很可能是以氨的形式）运往美国，甚至跨越太平洋运往亚洲。

美国也不缺自然资源，而且有雄心和能力成为世界绿色技术的领导者。但现在美国感到了压力，早在任职之前，乔·拜登就收到了一份主要由石油、天然气、电力、汽车、燃料电池和氢能等行业公司联合制定的路线图。尽管美国多年来一直对气候变化充耳不闻，四年来在体制建设上也拒绝承认气候变化，如今发现自己还是早已经深入参与了氢经济。太阳能和风能在得克萨斯州和其他州取得了长足的发展。每年都有数十亿美元的

氢能革命

公共和私人投资涌入氢行业。现在已安装或计划安装的大型燃料电池总容量超过 550 兆瓦。[3]

以上这些国家是最有希望组成氢能国际联盟的国家。

当然，如果没有人愿意购买、投资或支持他们的产品，政府和公司也无能为力。那样的话，我们就得转而寻求第三方的帮助了。这个第三方是我们计划中最重要的，也就是——你。

氢能革命

第 **24** 章

消费者骑兵

作为个体，我们可以提供很多帮助。例如，我们可以选择购买绿氢制造的产品，而且这些产品增加的成本其实只有不到 1%。然而，为了做出明智的选择，我们需要对我们所购买的东西和所做的事情产生的二氧化碳排放量有更多的了解。

你知道吗，你每吃一块面包，就会有半千克的二氧化碳进入大气。[1]所以，你愿意为你的面包多花 1% 或 2%，来中和其中的碳吗？

说完面包，现在来说说牛仔裤。假设有一艘船，载着你购买的牛仔裤。如果要求船主每年多花 400 万美元来使用氢燃料，他们可能会说不。如果牛仔裤公司被要求支付每次航行的额外费用，他们也会说不。但如果有人问你，你是否愿意为下一条牛仔裤多花 30 美分[2]，以实现氢燃料运输，你很有可能会说"愿意"。这是一个很好的商业案例，让牛仔裤公司愿意支付给船主用氢燃料运输所需的额外费用。

表8　使用清洁氢能对中间产品和最终产品价格的影响

使用氢价为 2 美元 / 千克的氢能技术	对中间产品 1 的 影响	对中间产品 2 的 影响	对最终产品的 影响
钢铁	1 吨钢 +40%	无	汽车零售价 +0.7%
航运	与 1 吨极低硫燃料 油相比 +160%	1 吨进口大豆 +3%	1 升牛奶 +0.8%
		集装箱运费率 +60%	平板电视零售价 +0.7%
		集装箱运费率 +60%	1 双鞋的零售价 +0.4%
化肥	与 1 吨硝酸铵相比 +45%	1 吨大豆 +3%	1 升牛奶 +0.8%
		1 吨小麦 +5%	面包价格 +0.6%
		1 吨玉米 +9%	猪肉价格 +3.2%
航空	与 1 吨煤油相比 +130%	无	长途机票价格 +18%

备注：以 2 美元 / 千克的氢价为基础

数据来源：能源过渡委员会 SYSTEMIQ 分析（2021 年）

许多人错误地认为，能源政策只与政府、大企业有关。当然，在某种程度上确实如此。政府应该制定规则，企业应该创造产品。但作为消费者，你所做的选择很大程度上影响着他们的工作。2019 年，美国的消费者支出超过了 10 万亿美元，而同期联邦政府的支出不到 5 万亿美元。如果我们能利用其中的一小部分来创造更大的利益，那将会有很大的不同。

牛仔裤能起的作用其实是最小的。如果消费者施压，汽车制造商就会选择销售绿色汽车，进而重塑最难改变的行业之一：钢铁生产。这是好事，因为没有客户的支持、接受和最终的需求，基于绿氢的钢铁行业很难获得商业成功。通过为脱碳产品多支付少量费用，客户将帮助他们转变生产技术。

其他制造商为绿色钢铁支付高价的意愿也会越来越强。欧盟委员会希望通过新的生态标签体系来鼓励这一运动的推广。在电器上贴标签也会有所帮助，如果消费者能意识到供暖时会产生二氧化碳排放，那他们可能会倾向于购买氢燃料锅炉。

现在消费者的力量是非常强大的。为了充分利用这种力量，我们需要让消费者真实感受到二氧化碳的存在。人们需要了解这些信息来做出最佳的行动方案。我们已经受够了数十亿吨的二氧化碳排放。我们应该告诉普通消费者，他们需要把自己每年的碳排放量从现在的 4.6 吨降低到 1.1 吨。但这些太抽象了，没什么用。"每天 5kg"这样的标签系统可能更有用，或者是像"二氧化碳卡路里计数器"之类的东西，可以表明每一种行为所排放的二氧化碳在每日限量中的占比。

手机上有一款方便的应用程序可以实现很多功能。通过计算我们上班、吃牛排或买面包时的碳排放量，这款应用程序可以监控我们实现净零排放的进程，然后提供经过认证的补偿方案，如种植额外的树木或捕集额外的碳。人们只需点击一下即可购买这些方案。用户可能会获得荣誉徽章，还可以在社交媒体上分享这些徽章，并利用它们获得企业产品的折扣，或参与"净零俱乐部"餐厅和活动的机会。

氢能革命

　　当然，还有政治行动。各类选举中的投票举足轻重，而新一代热衷环保的人刚好已经达到了投票年龄，这让我非常高兴。不管一个人有多广泛的信仰和价值观，政治最终都是地方性的。你们当地的公交线路有氢燃料公交车吗？如果没有，为什么呢？答案可能与基础设施、资金或知识的缺乏有关。写信给你当地的民意代表、市长、公共汽车运营商和城市当局。问问我们是否能做些什么，看看谁感兴趣。激励政治行动的一种方法是说服来自不同党派的人们采取共同的行动方针。在地方层面上，这可能并不难，特别是如果人们了解到减少碳排放的成本往往只是产品价格的一小部分之后。

氢 能 革 命

第 **25** 章

让氢成为可能

　　这本书讲述了氢气如何帮助我们实现净零排放，以及我们可以做些什么来加速这一进程。

　　我在能源行业工作了 20 年，大部分时候认为我们处于一个非常危险的境遇。全球 70% 的人口生活在发展中国家，联合国曾预测到 2050 年，全球人口将增加 20 亿。我认为人类对能源的需求肯定会与日俱增；如果没有化石燃料，我们根本无法满足这些需求。可以用作替代的可再生能源仍然太少，也太贵，而且很多行业无法使用这些可再生能源来实现脱碳。

　　可再生能源的发展已经逐步成熟起来。我们已经在大规模使用太阳能和风能了，这将使可再生电力的成本比化石燃料便宜得多。我在米兰的一个下午意识到，这种充足而廉价的可再生能源是可以用来制造氢的。氢的出现可以改变目前的游戏规则，因为它清洁，可以帮助那些很难使用电力的行业实现脱碳。随着氢的广泛使用，用于制氢的电解槽的成本将会下降，氢也将比石油便宜。这将加速人们对氢的需求，从而进一步提高对可

氢能革命

再生能源的需求，以此形成一个正反馈循环。

当我研究这个问题时，我终于看到了可以实现净零排放而又不束缚经济发展的可能性；我看到了可再生能源和氢气可以紧密结合，形成一个无缝的能量网，其中电子可以转化为分子，然后再转化回来；我看到了沙漠和海洋的能量可以被传送到很远的地方，储存很长一段时间，然后在我们需要的时候，用来供暖、发电或者作为原料供应。简而言之，我看到了一个可以推动经济发展、创造就业、激发创新、促进国际合作和贸易的净零系统，这十分吸引我。

我不是第一个拥有这种"幻想"的人，长期以来，科学家和小说家们都认为氢是未来的燃料，那这次会有什么不同呢？

答案是氢现在距离可与石油竞争只有一步之遥。十年前，氢的价格是24美元/千克，而今天的价格是4~5.5美元/千克。如果我们能在五年内把氢的价格降到2美元/千克（临界点），并启动第一批氢能项目，氢就可以与化石燃料竞争，至少在部分地区是这样。这是可以实现的，因为我们已经有了相关技术。许多大型试点项目都正在测试氢在各种各样应用中的表现。完全脱碳的承诺是前所未有的，世界各国的政策制定者都在寻求推动氢能发展的好方法。

我们正处于氢能革命的风口浪尖。

如果这本书能让你们相信氢能革命真的快来了，那么我可能也帮助推动了这一进程。新市场的出现完全取决于人们是否相信。如果生产商看到了潜在的市场规模，他们就会投资生产。

如果人们发现很快就能用上廉价的绿氢，他们就会投资绿氢技术。许多被压抑的需求正在等待着。数万亿美元的消费者支出正在等待购买绿色产品，数万亿美元规模的绿色基金也在寻找可融资的项目，但企业却在推迟重大投资决定，因为他们在等待低碳技术的出现。随着我们对氢气价格临界点有了清晰的认识，很快就会出现投资热潮，氢气效应会像滚雪球一样越滚越大。

我并不是说氢能革命形势一片大好，而且事实也并非如此。要在2050年之前实现全球净零排放是不可能的。达到此目的需要的可再生能源和低碳能源的数量惊人，需要动员的投资金额也是非常庞大的。我们也需要做出无数选择和决定。但氢能革命是可行的，我们应该用乐观、勇气和决心来应对这些挑战，因为这是通往成功的唯一道路。

我在罗马书写这最后一章。在这里，我们仍然在使用古老的道路和高架桥。当时建造这些设施十分辛苦，但在2000年后的今天，我们可以肯定地说，当时的付出和汗水非常值得。今天，我们需要相同的雄心壮志来建设新的里程碑式的基础设施项目：一个可以永久利用的能源系统。有氢气做桥梁，我们以后的清洁能源将会取之不尽，用之不竭。

氢 能 革 命

———

注 释

引 言

1　Verne, J. (1927). *The Mysterious Island*. New York: Scribner.

2　'We Could Power The Entire World By Harnessing Solar Energy From 1% Of The Sahara'. (2016). *Forbes*. https: //www.forbes.com/sites/quora /2016/09/22/we-could-power-the-entire-world-by-harnessing-solar -energy-from-1-of-the-sahara/?sh=1d62873d4406.

3　New Energy Outlook 2020. *BloombergNEF*. https: //about.bnef.com/new- energy-outlook.

第 1 章

1　Diamond, J. (2005). *Collapse*. New York: Penguin.

2　'9 Out of 10 People Worldwide Breathe Polluted Air', World Health Organization. www.who.int/news-room/air-pollution. Vohra, K., Vodonos, A., Schwartz, J., Marais, Eloise A., Sulprizio, Melissa P. and Mickley, Loretta J., 'Global Mortality from Outdoor Fine Particle Pollution Generated by Fossil Fuel Combustion: Results from GEOS-Chem'. *Science Direct* 195 (April 2021). www.sciencedirect.com/science/article/abs/pii/S0013935121000487.

3　Global Energy Review 2020. (2020). *IEA*. https: //www.iea.org/reports/global-energy-review-2020.

4　Elaboration of World Resources Institute data.

5　'New Energy Outlook 2020'. (2020). *BloombergNEF*.

6　SYSTEMIQ analysis for Energy Transitions Commission (2020) based on public sources retrieved November 2020: European Environment Agency, "European Pollutant Release and Transfer Register"; Fertiliser Europe, "Map of major fertilizer plants in Europe"; Eurofer, "Where is steel made in Europe?"; European Commission, "TENTec Interactive Map Viewer" and "Projects of common interest—Interactive map"; Gie, "Gas Infrastructure Europe"; CNMC, "General Overview of Spanish LNG Sector"; McKinsey, "Refinery Reference Desk—European Refineries"; Fractracker Alliance, "Map of global oil refineries".

7　Damon Matthews, H., Tokarska, K. B., Rogelj, J. et al. (2021). 'An integrated approach to quantifying uncertainties in the remaining carbon budget'. *Commun Earth Environ*, 2: 7. https: //doi.org/10.1038/s43247-020-00064-9.

8　Global Energy Review: CO_2 Emissions in 2020. (2021). *IEA*. https: //www.iea.org/articles/global-energy-review-co2-emissions-in-2020.

9　Press Release: 'Global carbon dioxide emissions are set for their second-biggest increase in history'. (2021). *IEA*. https: //www.iea.org/news/global-carbon-dioxide-emissions-are-set-for-their-second-biggest-increase-in-history.

10　Masson-Delmotte, V., P. Zhai, H.-O. Pörtner, D. Roberts, et al. (eds.). (2018). 'Summary for Policymakers'. *IPCC*. https: //www.ipcc.ch/site/assets/uploads/sites/2/2019/05/SR15_SPM_version_report_LR.pdf.

11　*Ibid.*

第 2 章

1　Global Energy Review: CO_2 Emissions in 2020. (2021). *IEA*. https: //www.iea.org/articles/global-energy-review-co2-emissions-in-2020

第 3 章

1　Seaborg, Glenn T. (1996). *A Scientist Speaks Out: A Personal Perspective on Science, Society and Change*. River Edge, NJ: World Scientifi c Publishing, 177.

2　CO_2 Emissions from Fuel Combustion: Overview. (2020). *IEA*. https: //www.iea.org/

reports/co2-emissions-from-fuel-combustion-overview.

3　Franzen, J. (2019). 'What if we stopped pretending?'. *The New Yorker*.

4　Szenasy, S. interview with McDonough, W. (2016). 'Why Architects Must Rethink Carbon (It's Not the Enemy We Face)'. *Metropolis*. https: //www.metropolismag.com/ cities/why-architects-must-rethink-carbon-its-not-the-enemy-we-face .

5　[1] BRENT average 2020, [2] TTF average 2020, [3] Coal ARA average 2020, [4] Average number, highly dependent on natural gas cost, [5] Assuming current renewable and electrolyser costs in various locations, [6] Average number, highly dependent on the cost of natural gas and assumed investment for CCS.

6　Marshall, G. (2014). *Don't Even Think About It*. Bloomsbury.

7　Franzen, J. (2019). 'What if we stopped pretending?'. *The New Yorker*.

8　Reynolds, P. (2001). 'Kyoto: Why did the US pull out?'. *BBC*. http: //news.bbc.co.uk/1/ hi/world/americas/1248757.stm.

第 4 章

1　Ford, J. (2019). 'Net zero emissions target requires a wartime level of mobilisation'. *Financial Times*. The European Hydrogen Backbone. (2020). https: //www.ft.com/ content/412eea06-8eb7-11e9-a1c1-51bf8f989972.

2　Harari, Y. N. (2011). *Sapiens*. Penguin Random House.

3　Larry Fink's 2021 letter to CEOs. https: //www.blackrock.com/corporate/investor-relations/larry-fi nk-ceo-letter.

4　Roser, M. (2020). 'Why did renewables become so cheap so fast? And what can we do to use this global opportunity for green growth?'. *Our World in Data*. https: // ourworldindata.org/cheap-renewables-growth.

5　2019 figure from European Commission. 'Report from the Commission to the European Parliament, the Council, the European Economic and Social Committee and the Committee of the Regions: Energy Prices and Costs in Europe', EUR-Lex, Doc. No. 52019DC0001. (2019). https: //eur-lex. europa. eu/legal-content/EN/TXT/? uri=CELEX: 52019DC0001.

6　Hart, D. (2020). 'The Impact of China's Production Surge on Innovation in the Global Solar Photovoltaics Industry'. *ITIF*. https: //itif.org/publications/2020/10/05/impact-chinas-production-surge-innovation-global-solar-photovoltaics.

7　Roser, M. (2020). 'Why did renewables become so cheap so fast? And what can we do to use this global opportunity for green growth?'. *Our World in Data*. https: // ourworldindata.org/cheap-renewables-growth.

8　Accenture Report 'Lighting the Path: the next stage in utility scale solar development' https: //www.accenture.com/_acnmedia/PDF-97/Accenture-Utility-Solar-Scale-POV.pdf.

9　Ford, N. (2021). 'Spain's record wind prices fail to curb the rise of solar'. *Reuters*. https: //www.reutersevents.com/renewables/wind/spains-record-wind-prices-fail-curb-rise-solar.

第 5 章

1　Schonek, J. (2013). 'How big are power line losses?'. *Schneider Electric Blog*. https: // blog.se.com/energy-management-energy-efficiency/2013/03/25/how-big-are-power-line-losses/#: ~: text=The transmission over long distances, as heat in the conductors . &text = The overall losses between the, range between 8 and 15 % 25.

2　Edwards-Evans, H. (2021). 'UK power system balancing costs down 15% on month in Dec 2020'. S&P Global. https: //www.spglobal.com/platts/en/marke t-insights/latest-news/natural-gas/011821-ukpower-system-balancing-costs-down-15-on-month-in-dec-2020.

3　Policy Research Working Paper 8899. (2019). 'Underutilised potential: the business costs of unreliable infrastructure in developing countries.' http: //documents1.worldbank.org/ curated/en/336371560797230631/pdf/Underutilized-Potential-The-Business-Costs-of-Unreliable-Infrastructure- in-Developing-Countries.pdf.

4　Meyer, G. (2021). 'Energy grids target upgrades for zero carbon transition'. *Financial Times*. https: //www.ft.com/content/eb7d651b-7d0a-4bb8-9a6d-8f5088b36c9b.

5　Entso-E Statistical Factsheet 2018, Entso-G Demand Data 2018.

氢能革命

第 6 章

1 Sternberg, S. P. K. and Botte, G. G. 'Fuel Cells in the Chemical Engineering Curriculum.' Department of Chemical Engineering, University of Minnesota Duluth. http: //www.asee. org/documents /sections/north-midwest/2002/Sternberg.pdf.

第 7 章

1 Monck Mason. *Aeronautica, or sketches illustrative of a theory and practice of Aerostation.* Westley, 1838.

第 8 章

1 Dukes, J. S. (2003). 'Burning Buried Sunshine: Human Consumption of Ancient Solar Energy'. *Climatic Change* 61: 31–44. https: //core.ac.uk/download/pdf/5212176.pdf.

2 Energy Brainpool elaboration World Energy Outlook 2019. *IEA.*

3 Global CCS Institute. (2017). 'Global Costs of Carbon Capture and Storage'.

4 Keith, D. W., Holmes, G., St. Angelo, D. and Heidel, K. (2018). 'A Process for Capturing CO_2 from the Atmosphere'. *Joule.*

5 Fasihi, M., Efimova, O., and Breyer, C. (2019). Techno-economic assessment of CO_2 direct air capture plants'. *J. Clean. Prod.*, 224: 957–80.

6 Bastien-Olvera, B. and Moore, F. C. (2020). 'Use and non-use value of nature and the social cost of carbon'. *Nature Sustainability*, 4: 101–8.

第 9 章

1 Offi ce of Nuclear Energy. (2020). 'Could Hydrogen Help Save Nuclear?'. Department of Energy. https: //www.energy.gov/ne/articles/could-hydrogen-help-save-nuclear.

2 Adam Baylin-Stern and Niels Berghout. (2021). 'Is Carbon Capture Too Expensive?,' International Energy Agency. See: www.iea.org/commentaries/is-carbon-capture-too-expensive.

3 CCUS in Clean Energy Transitions: A new era for CCUS (2020). *IEA.* https: //www.iea. org/reports/ccus-in-clean-energy-transitions/a-new-era-for-ccus.

4　Geißler, T., Abánades, A., Heinzel, A. et al. (2016). 'Hydrogen production via methane pyrolysis in a liquid metal bubble column reactor with a packed bed'. *Chemical Engineering Journal*, 299: 192–200. https: //doi.org /10.1016/j.cej.2016.04.066.

5　See 'Technology'. SG H2 Energy. https: //sg-h2.squarespace.com/technology.

第 10 章

1　'RH2-The Ultimate Decarbonizer'. RH2C. www.renewableh2canada. ca/rh2.html.

2　The European Hydrogen Backbone. (2020).

3　Andersson, J. and Grönkvist, S. (2019). 'Large-scale storage of hydrogen'. *International Journal of Hydrogen Energy*, 44: 23: 11901–19. https: //doi.org/10.1016/ j.ijhydene.2019.03.063.

第 13 章

1　Peel, M. and Fleming, S. (2021). 'West and allies relaunch push for own version of China's Belt and Road. *Financial Times*. https: //www.ft.com/content/2c1bce54-aa76-455b-9b1e-c48ad519bf27.

2　Stein, E. V. et al. (2020). 'Fertility, mortality, migration, and population scenarios for 195 countries and territories from 2017 to 2100: a forecasting analysis for the Global Burden of Disease Study'. *Lancet*. https: //www.thelancet.com/journals/lancet/article/PIIS0140-6736(20)30677-2/fulltext.

3　Radowitz, B. (2020). 'World's largest hydro dam "could send cheap green hydrogen from Congo to Germany" '. *Recharge News*. https: //www.rechargenews.com/ transition/worlds-largest-hydro-dam-could-send-cheap-green-hydrogen-from-congo-to-germany/2-1-871059.

4　www.statista.com.

5　'Will Australia's "hydrogen road" to Japan cut emissions?' *The Finance Info*, 2020, https: // thefinanceinfo.com/2020/11/29/will-australias-hydrogenroad-to-japan-cut-emissions/

氢能革命

第 14 章

1 Gates, B. (2019). 'Here's a Question You Should Ask About Every Climate ChangePlan'. GatesNotes. www.gatesnotes.com/Energy/A-question-to-askabout-every-climate-plan.

2 'Iron and Steel', International Energy Authority tracking report, June 2020, https: //www. iea.org/reports/iron-and-steel.

3 'Global Consumption of Plastic Materials by Region 1980-2015', Plastic Insight.

4 (2019). 'Mission Possible sectoral focus: plastics'. Energy Transitions Commission. https: //www.energy-transitions.org/publications/mission-possible-sectoral-focus-plastics /

5 Cormier, Z. 'Turning carbon emissions into plastic'. *BBC Earth*. https: //www.bbcearth. com/blog/?article=turning-carbon-emissions-into-plastic.

6 Roberts, D. (2020). 'The hottest new thing in sustainable building is, uh, wood'. *Vox*.

7 United Nations Food and Agriculture Organization. (2009). '2050: A Third More Mouths to Feed'. see: www.fao.org/news/story/en/item/35571/icode

第 15 章

1 Cho, R. (2019). 'Heating Buildings Leaves a Huge Carbon Footprint, But There's a Fix For It'. Columbia Climate School. https: //news.climate. columbia.edu/2019/01/15/heat-pumps-home-heating .

2 In Italy in a given year 0.85% of total building stock is renovated, Strategia per la riqualifi-cazione enegetica del parco immobiliare nazionale (STREPIN), Ministero dello Sviluppo Economico, Novembre 2020.

3 Future of gas event, 21 January 2021.

4 H21 Leeds City Gate. https: //www.h21.green/projects/h21-leeds-city-gate.

5 Day, A. (2017). 'Sustainable Futures: Lighter than Air'. https: //anthonyday. blogspot. com/2017/11/lighter-than-air.html.

第 16 章

1 FCHEA. (2019). 'Comments on Transportation and Climate Initiative Framework for a Draft Regional Proposal'. https: //www.transportationandclimate. org/sites/default/files/

webform/tci_2019_input_form/TCI MOU Response FCHEA 2020-2-28.pdf.

2　'Bush Touts Benefits of Hydrogen Fuel', CNN, 6 February 2003, https: //edition.cnn.
com/2003/ALLPOLITICS/02/06/bush-energy.

3　Agence France-Presse. (2018). 'Germany launches world's fi rst hydrogen-powered
train'. *Guardian.* www.theguardian.com/environment/2018/sep/17/germany-launches-
worlds-first-hydrogen-powered-train.

4　Keating, C. (2020). '"This is not a bus plan": Wrightbus' Jo Bamford's vision for
catalysing the UK's hydrogen ecomomy'. *Business Green.*

5　Buckland, K. (2019). 'Explainer: Why Asia's biggest economies are backing hydrogen
fuel cell cars'. *Reuters.* https: //www.reuters.com/article/us-autos-hydrogen-explainer-
idUSKBN1W936K.

6　Wayland, M. (2021). 'General Motors partners with Navistar to supply fuel-cell
technology for new semitruck'. *CNBC.* https: //www.cnbc.com/2021/01/27/general-
motors-partners-with-navistar-to-supply-fuel-cell-technology-for-new-semitruck.
html.

第 18 章

1　British Airways Press Release. (2019). 'British Airways One Step Closer to Powering
Future Flights by Turning Waste into Jet Fuel'. https: //mediacentre.britishairways.com/
pressrelease/details/86/2019-319/11461.

2　CORDIS: Liquid Hydrogen Fuelled Aircraft – System Analysis (CRYOPLANE). https: //
cordis.europa.eu/project/id/G4RD-CT-2000-00192/it.

第 20 章

1　Altmann, M. and Graesel, C. (1998). 'The acceptance of hydrogen technologies'. https: //
www.osti.gov/etdeweb/biblio/20584244.

2　Markandya, A. and Wilkinson, P. (2007). 'Electricity generation and health', *Lancet*, 370:
979–990.

3　Kolodziejczyk, B. and Ong, W-L. (2019). 'Hydrogen power is safe and here to stay'.

World Economic Forum.

4 *Ibid.*

第 21 章

1 Hydrogen Council, McKinsey & Company (January 2021): Hydrogen Insights 2021.

2 IRENA. (2021). 'Renewable Capacity Highlights'.

3 'New Energy Outlook 2020'. *BloombergNEF.*

4 'Green Hydrogen: Time to scale up.' (2020). *Bloomberg NEF.* https: //www.fch.europa. eu/sites/default/files/FCHDocs/M. Tengler_ppt %28ID10183472%29.pdf

5 IRENA. (2020). 'Green Hydrogen Cost Reduction: Scaling up Electrolysers to Meet the 1.5°C Climate Goal', International Renewable Energy Agency, Abu Dhabi

6 'Green Hydrogen: Time to scale up.' (2020). BloombergNEF. https: //www.fch.europa.eu/ sites/default/fi les/FCH Docs/M. Tengler_ppt %28ID 10183472%29.pdf

7 'Breakthrough Strategies for Climate-Neutral Industry in Europe', Agora Energiewende, Wuppertal Institute, 2020. https: //www.agora-energiewende. de/en/publications/ breakthrough-strateg ies-forclimate-neutral-industry-in-europe-summary/.

第 22 章

1 Yvkoff , L. (2019). 'In Battery Vs. Hydrogen Debate Anheuser-Busch Shows There's Room for Both Technologies with Nikola-BYD Beer Run'. *Forbes.* https: //www.forbes. com/sites/lianeyvkoff/2019/11/22/anheuser-busch-demonstrates-theres-room-for-both-technologies-in-battery-vs-hydrogen-debate .

第 23 章

1 Rajnish Singh, 'Creating Green Energy Partners with North Africa,' The Parliament, November 6, 2020, www.theparliamentmagazine.eu/news/article/green-energy-partners.

2 Liebreich, M. (2020). 'Separating Hype from Hydrogen – Part One: The Supply Side'. *BloombergNEF.* https: //about.bnef.com/blog/liebreich-separating-hype-from-hydrogen-part-one-the-supply-side.

3　Green Car Congress. (2020). 'New Road Map to a US Hydrogen Economy'. https: //
www.greencarcongress.com/2020/03/20200322-h2map.html.

第 24 章

1　Le Page, M. (2017). 'A load of bread emits half a kilo of CO_2, mainly from fertiliser'.
New Scientist.

2　(2018). 'Mission Possible: reaching net zero carbon emissions from harder-to-abate
sectors by mid-century'. Energy Transitions Commission.

附　录

关于氢热值的注释

燃料中所含的能量不可能全部用于现实世界的应用。我们需要仔细具体地分析转换过程中的能量损耗并进行精确的对比。正因为如此，不同的燃料通常会根据它们的"热值"在较高水平上进行比较。甚至热值也有不同的表现形式。通常，高位热值（HHV）假设产生的任何水蒸气中的热量在水蒸气冷凝时被捕集。相比之下，低位热值（LHV）则假设这种热量不被捕集。

对于氢，如果在燃料电池中使用它，通常不会产生水蒸气，所以HHV 能够很好地代表其能量含量。如果在涡轮机中燃烧氢，而水蒸气没有回收，则采用 LHV。当然，当将氢与另一种燃料（如天然气）进行比较时，也需要以同样的方式加以考虑。在本书中，为了便于比较，我们始终采用 HHV。对于氢，HHV 将近 40 千瓦时 / 千克，而 LHV 是 33 千瓦时 / 千克。与其他燃料的比较也是在相同的基础上进行的。

附表 1　我们能用 1 千克氢做什么?

活动	数值
汽车里程数	90 公里
卡车里程数	15 公里
洗澡	20 小时
用电视看球赛	180 小时
给智能手机充电	1200 小时

附表 2　制取 1 千克氢需要哪些资源?

资源	数值
能量	56.3 千瓦时
电解槽和光伏容量	35 瓦
面积（太阳能光伏）	0.9 平方米
水	9 升

附表 3　我们需要多少氢才能使各行业在 2050 年脱碳?

行业	氢 /（百万吨 / 年）
钢铁	122
水泥	47
其他工业	43
石油化工	32
电力	244
重卡	92
汽车	42
轻卡和公交车	34
航运	23

（续）

行业	氢/（百万吨/年）
铁路	12
住宅	69
商业	41
总计	801

附表 4　我们需要什么资源才能使各行业在 2050 年脱碳？

资源	数值
能量	4.5 万太瓦时
电解槽和光伏容量	28.2 太瓦
面积（太阳能光伏）	72 万平方公里
水	72 亿立方米

附表 5　2019 年全球宏观经济和能源数据

全球国内生产总值	90 万亿美元
世界人口	77 亿
全球年能源消耗	17 万太瓦时
全球年能源支出	7 万亿美元
平均能源成本	41 美元/兆瓦时
能源支出占全球国内生产总值的比例	7.8%
年人均能源消耗	22 兆瓦时
年人均能源支出	900 美元

词汇表

百万吨油当量（Mtoe） 能量单位，代表 100 万吨石油含有的能量。1Mtoe 等于 1163 万兆瓦时。

纯电动汽车（BEV） 一种由电动机驱动的汽车，利用的是储存在车上电池中的电能。

电解槽 一种利用电力将水分解成氢和氧的装置。

电流 电子（或其他载流子）的流动速率，国际单位是安培（A）。

电网 连接电力生产者和消费者的网络。实体电网包括发电机、输电和配电线路、变电所以及家庭和企业等终端用户。除了物理硬件，这个术语还可以指对市场和监管等供需关系做出反应的公司和体系。

电压 衡量电流驱动强度的物理量，类似于水管中的水压，又称电势差或电动势，国际单位是伏特（V）。

二氧化碳（CO_2） 一种由一个碳原子和两个氧原子组成的气体，通过燃烧化石燃料、制造水泥以及各种自然过程产生。二氧化碳是一种温室气体，是引起气候变化的最大人为因素。

氢能革命

二氧化碳当量　一种比较和叠加不同温室气体排放影响的方法。对于任何给定的 1 千克温室气体，其二氧化碳当量是产生相同效果的全球变暖的二氧化碳量。（该气体的相对升温效应称为全球变暖潜力。由于不同的气体在大气中停留的时间长短不同，其导致全球变暖的可能性必须在某个时间段内平均，通常是 100 年。例如，甲烷的停留时间约为 12 年，比二氧化碳短得多，但它的即时升温效应非常强，以至于甲烷 100 年内的全球变暖潜力是二氧化碳的 30 多倍。）

风电场　由一批风力发电机组或机组群组成的发电站。

光伏（PV）电池　一种通过光电效应将太阳能直接转化为电能的装置，通常称为太阳能电池。

化石燃料　这些物质是由储存在地下的有机物质在数百万年的高温和高压下转变而成的。石油、煤和天然气是使用最广泛的化石燃料。燃烧化石燃料会将温室气体二氧化碳排放到大气中，导致气候变化。

吉瓦（GW）　十亿瓦特。一个大型发电站的发电能力可能只有几吉瓦。

间歇性能源　功率输出依赖于自然变化的能源。太阳能和风能都是间歇性能源。

交流电（AC）　电流强度和方向发生周期性变化的电流，通过变压器可以调节交流电的电压。

净零　减少温室气体的排放，并主动从大气中移除剩余排放，从而使排放与移除平衡——即净排放为零。

颗粒物 通常由燃烧化石燃料而产生的固体或液体颗粒。$PM_{2.5}$ 是指空气动力学直径小于或等于 2.5 微米的颗粒物，它是世界范围内最具破坏性的空气污染形式，每年导致数百万人死亡。

可持续性 保持人类消费与地球资源，特别是自然可再生能源之间的平衡，使我们的活动不会威胁到地球支持我们和其他物种生存的能力。根据联合国世界环境与发展委员会的说法，"可持续发展……既能满足当代人的需求，又不对后代人满足自身需求的能力构成危害。"

可调度电力 可快速开启或关闭的发电方式，以应对需求波动和间歇性电源的供应波动。

可再生能源 可以自然补充的能源，如太阳能、风能、水能、生物质能和地热等。

蓝氢 从天然气中提取的氢气，其副产品二氧化碳会被捕集并封存。

绿氢 利用可再生电力在电解槽中分解水而制成的氢气。

能量 一种量化功（如对抗重力举起重物）和热量的物理量，国际单位是焦耳（J）。不同形式的能量之间可以相互转换。如果将氢点燃，它的化学能会转换成热能（热量）和机械能（突然的运动，就会听到"砰"的一声）。

配电 在能源工业中，配电与输电是有区别的。高压大型电缆可以进行远距离输电。由电压较低的小型电缆组成的局部网络则负责将电力分配给用户。同样，在天然气行业，大口径的长距离输送管道与小口径的地方配气管道也有所不同。

氢能革命

气候变化　气候变化是一个比全球变暖应用场景更广泛的术语，指的是气候任何方面的变化，包括风和降雨模式。

千瓦时（kWh）　能量单位，等于 1 千瓦功率在 1 小时内所做的功。1 千瓦时等于 3.6 兆焦。

氢　元素周期表中的第一个元素，有时也指氢原子、氢分子和氢气。氢原子由一个质子和一个电子组成。氢气以氢分子（H_2）的形式存在，氢分子则由成对的氢原子结合在一起组成。

全球变暖　地球的温度上升。自然温度变化在过去也发生过，但这个术语通常指的是近年来由人类产生的温室气体排放导致的快速变暖。

燃料电池　一种把化学能转化为电能的装置。对氢燃料电池来说，氢与氧发生反应产生电能，副产物是水。

燃料电池电动汽车（FCEV）　一种由电动机驱动的汽车，其能量以氢的形式储存在车上，通过燃料电池将氢转化为电能。

十亿吨　一个经常用来测量二氧化碳排放量的单位。

太阳能　来自太阳的辐射能，主要以可见光和近红外线的形式存在。

碳捕集与封存技术（CCS）　捕集二氧化碳并将其封存在废弃的油田中。一个相关的术语是碳捕集、利用与封存 (CCUS)，增加了对捕集的气体的利用。

碳税　根据排放到大气中的温室气体量对商品和服务征收的税款。

天然气　天然存在于地下沉积物中的可燃气体混合物。主要是甲烷，其他气体包括乙烷和其他更复杂的碳氢化合物、硫化氢、二氧化碳和氮。天然气是供暖、烹饪和发电的燃料，以及工业上的化学原料。

瓦特（W） 功率的国际单位制单位，指的是能量转移或消耗的速率。

温室气体 允许阳光进入地球大气层，并阻止热量散失的气体，就像温室的窗户。主要的温室气体有水蒸气、二氧化碳（CO_2）、甲烷（CH_4）、一氧化二氮（N_2O）、臭氧（O_3）以及各种氯氟烃和氢氟烃。

学习率 一种衡量成本随着某种特定技术的发展而迅速下降的指标。具体来说，是指需求翻倍所产生的成本下降的百分比。

兆瓦时（MWh） 能量单位，等于 1 兆（百万）瓦功率在 1 小时内所做的功。1 兆瓦时等于 1000 千瓦时。

参考文献

An Ocean of Air: A Natural History of the Atmosphere, Gabrielle Walker (Mariner Books, 2008)

Burn Out: The Endgame for Fossil Fuels, Dieter Helm (Yale University Press, 2017)

Climate of Hope: How Cities, Businesses, and Citizens Can Save the Planet, Michael Bloomberg and Carl Pope (St Martin's Press, 2017)

Con tutta l'energia possibile, Leonardo Maugeri (Sperling & Kupfer, 2011)

Designing Climate Solutions: A Policy Guide for Low-Carbon Energy, Hal Harvey, Robbie Orvis and Jeffrey Rissman (Island Press, 2018).

Don't Even Think About It: Why Our Brains Are Wired to Ignore Climate Change, George Marshall (Bloomsbury, 2015)

Drawdown: The Most Comprehensive Plan Ever Proposed to Reverse Global Warming, Paul Hawken; (Penguin, 2017)

Energy and Civilisation, Vaclav Smil (MIT Press, 2017)

European Hydrogen Backbone, Guidehouse (2021)

Gas for Climate: Gas Decarbonisation Pathways, Navigant (2020)

Gas for Climate: The Optimal Role for Gas in a Net-Zero Emissions Energy System, Navigant (2019)

Global Energy Transformation: A Roadmap to 2050, International Renewable Energy Agency (2019)

How to Avoid a Climate Disaster, Bill Gates (Allen Lane 2021)

Hydrogen Decarbonisation Pathways, The Hydrogen Council (2021)

Hydrogen Economic Outlook, Bloomberg New Energy Finance (2020)

Hydrogen Insights 2021: A Perspective on Hydrogen Investment, Deployment and Cost

Competitiveness, The Hydrogen Council (2021)

Hydrogen is the New Oil, Thierry Lepercq (Le Cherche Midi, 2019)

Hydrogen: The Economics of Production from Renewables, Bloomberg New Energy Finance (2019)

Losing Earth, Nathaniel Rich (Picador, 2019)

Making the Hydrogen Economy Possible: Accelerating Clean Hydrogen in an Electrified Economy, Energy Transitions Commission (2021)

Mission Possible: Reaching Net-Zero Carbon Emissions from Harder-to-Abate Sectors by Mid-Century, Energy Transitions Commission (2018)

Net Zero by 2050: A Roadmap for the Global Energy Sector, International Energy Agency (2021)

On Fire: The Burning Case for a Green New Deal, Naomi Klein (Simon & Schuster, 2019)

Six Degrees: Our Future On a Hotter Planet, Mark Lynas (National Geographic, 2008)

Sustainable Energy – Without the Hot Air, David JC MacKay (UIT Cambridge, 2009)

The Citizen's guide to Climate Success, Mark Jaccard (Cambridge University Press, 2020)

The Future of Hydrogen: Seizing Today's Opportunities, International Energy Agency (2019)

The Future We Choose, Christiana Figueres (Knopf, 2020)

The Global Gas Report, International Gas Union, Snam, Bloomberg New Energy Finance (2020)

The Hot Topic: What We Can Do About Global Warming, Gabrielle Walker and David King (Bloomsbury, 2008)

The Hydrogen Economy, Jeremy Rifkin (Tarcher/Putnam, 2002)

The New Map: Energy, Climate, and the Clash of Nations, Daniel Yergin (Penguin 2020)

The Prize: The Epic Quest for Oil, Money and Power, Daniel Yergin (Simon & Schuster, 2008)

The Tipping Point: How Little Things Can Make a Big Diff erence, Malcolm Gladwell (Black Bay Books, 2013)

The Uninhabitable Earth, David Wallace Wells (Random House, 2019)

There is no Planet B, Mike Berners-Lee (Cambridge University Press, 2019)

Tomorrow's Energy: Hydrogen, Fuel Cells, and the Prospects for a Cleaner Planet, Peter Hoffmann (MIT Press, 2012)

What We Need To Do Now, Chris Goodall (Profi le, 2020)

氢 能 革 命

致 谢

我要感谢卡米拉·帕拉迪诺（Camilla Palladino），她在这本书从构思到出版的过程中一直陪伴着我。在 2018 年米兰那个不寻常的下午，卡米拉和她的团队首先向我展示了一个强调氢对实现完全脱碳的重要性的模型，由此开启了一场对话。这场对话塑造了斯纳姆的战略，并对欧洲政策论述做出了贡献。我还想感谢泽维尔·卢梭、维耶里·梅斯特里尼、塔蒂阿娜·阿尔奇卡、法布里奇奥·德·尼格里斯以及斯纳姆整个战略团队对这项工作的贡献。

我要感谢马西莫·德尔奇、科斯马·潘萨奇、保罗·托斯蒂和技术部门、迪娜·兰兹、马可·基耶萨、佩尔·马尔加勒夫和斯纳姆的许多其他人，他们提供了关于氢技术及其可能带来的挑战和机遇的大量信息，让这本书变得更加丰富。

本书原稿的早期读者帮助发现了许多错误并提出了补充建议。我要感谢埃梅内吉尔达·博卡贝拉、乔戈·查兹马尔卡基斯、大卫·哈特、托马斯·科赫·布兰克、马库斯·威尔塔纳和我的同事亚历山德拉·帕西尼、克劳迪奥·法里纳、帕特里齐亚·鲁蒂利亚诺、加埃塔诺·马兹泰利、萨尔瓦托雷·里科和劳拉·帕里索托，感谢他们的时间、专业知识和全新的视野。我的母亲、父亲和兄弟也是早期读者，感谢他们的鼓励，以及很多其他的支持。

我还要感谢许多同行和行业高管慷慨地分享他们的具体行业知识和经验，也感谢那些曾与我讨论关于能源转型和氢能的想法的杰出人士，其中包括加布里埃尔·沃克（Gabrielle Walker，她也好心地阅读了这本书的早期手稿，并提供了详细的反馈）和弹射器的联合创始人奈杰尔·托普顿（Nigel Topping）、朱尔斯·科尔滕霍斯特（Jules Kortenhorst）和阿代尔·特纳勋爵（Lord Adair Turner）。我要特别感谢乔纳森·斯特恩（Jonathan Stern）和克里斯·古道尔（Chris Goodall），他们在关键时刻贡献了他们的时间和专业知识。

我要感谢我的经纪人彼得·泰莱克（Peter Tallack），在这本书只是一些写在纸片上的零星想法的时候接手进行整理；我的编辑伊兹·埃弗林顿（Izzy Everington），和我一样热衷于研究氢能；T.J. 凯莱克和艾瑞克·海尼，为我提供了很多宝贵的意见；还有霍德工作室和基础图书的出版团队，没有他们，我没办法完成这本书。我还要感谢史蒂芬·巴特斯比（Stephen Battersby）、西蒙·英斯（Simon Ings）和汤姆·伯克（Tom Burke）对出版过程的支持。

落基山研究所、能源转型委员会和高盛集团也非常友好，允许我使用一些很有用的图表。

最后，感谢瑟尔瓦格亚（Selvaggia）在周末和深夜对我的包容，感谢利普西（Lipsi）和格蕾塔（Greta），是她们让我开始担心未来会发生的事情。